温度心理学

温暖能否为我们献上幸福？

Hans Rocha IJzerman

〔法〕汉斯·罗查·伊泽曼 著

韩阳 译

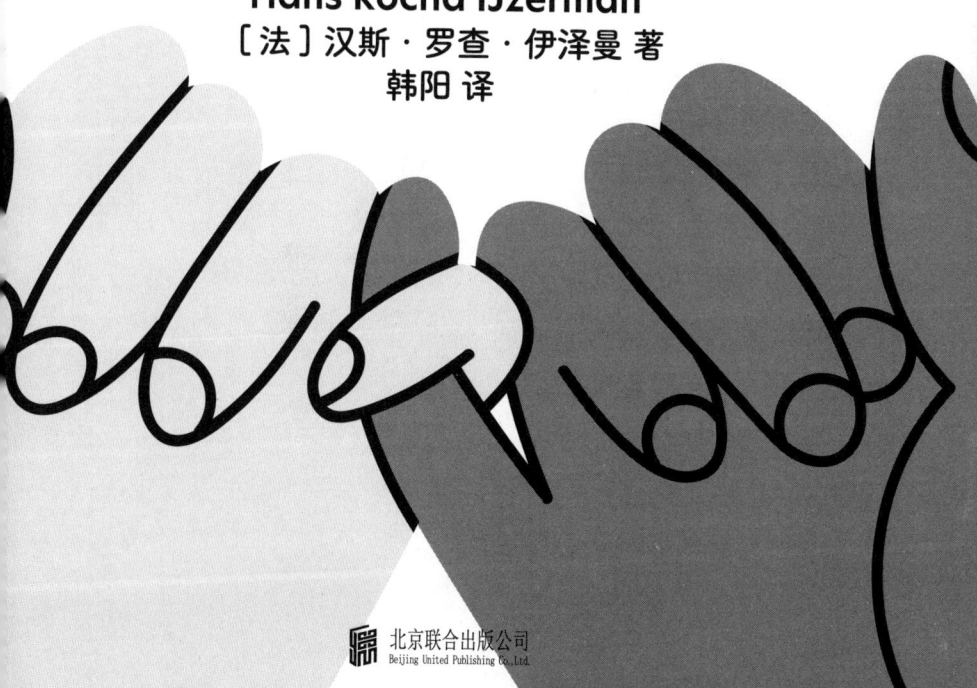

北京联合出版公司

献给我温暖的源泉——我的妻子丹妮拉,
以及我们的"窃温"小家伙朱莉

目 录

第❶章 热饮、电热毯与孤独感
——温度与人际关系 001

纯粹隐喻还是生理需要? ... 006
让发展与进化升温 ... 012
温暖(寒凉)之时 ... 014
依恋类型的影响 ... 017
集中供暖蹊跷的"胜利" ... 020

第❷章 人体机器
——温度与体验认知 025

从笛卡儿到图灵 ... 027
被挑战的笛卡儿和图灵 ... 029
认知的革命 ... 033

威廉·詹姆斯提出现代的"体验认知" 038
概念隐喻理论 041

第 3 章　企鹅哈里
——动物对气温的应对　045

节约体力 048
懒汉还是投资银行家 051
内温动物和外温动物体温策略的共享 053
冬眠、蛰伏和抱团 058
社会与生存 063
内温？外温？或许取决于伙伴 065
外温动物的热调节 068
社会性温度调节的热量交换 069

第 4 章　人类似企鹅
——内部体温调节的作用　073

与陌生人一起发抖 075
棕色脂肪组织 080
温度，沉闷的科学 083
独立的内恒温器？ 092
向对社会性温度调节的体验认知进发 095
温度调节：沃伦·巴菲特的方式 098
进化的十字路口 101

第 5 章　鼠妈妈给予的温暖
——温度与依恋　107

我们彼此依恋 110
我们不抱团，我们更爱社交 114

信誉革命蓄势待发	118
通过依恋预测安全感	124
依恋事关代谢资源的管控	131
共同温度调节亦与依恋有关	133
社交天气预测	140

第 6 章　下丘脑之外
——文化如何改变社会性温度调节　143

深情厚谊：企鹅抱团之外的温暖	143
进化也会影响人类	146
婴儿肥、大脑袋、窄骨盆	148
温度调节奠定了文化构建的基础	152
进化打造了层叠结构	154
抱团为文化奠基	156
扩展思维	158
莱考夫和约翰逊与进化	160
下丘脑之外	170
从基因到咖啡再到技术	174
基因及文化进化的汇流	178

第 7 章　寒冷时节卖房背后的逻辑
——营销与温度　183

切莫妄下结论	185
对家的依恋是一种温度调节机制	186
不可操之过急	190
房屋同样类似于人	193
温度调节和情感性广告	200
后悔所需的温度调节成本	203

第 ❽ 章　从抑郁症到癌症
——温度即治疗　213

温度调节及其与健康的关系　　　　　　　　215
温度调节功能受损在心理学方面的影响　　　219
抑郁症与神经性厌食症　　　　　　　　　　221
降低体温，提高健康水平？　　　　　　　　226
通过温度治疗　　　　　　　　　　　　　　230
癌症、热量及棕色脂肪组织联系　　　　　　233
同生独死　　　　　　　　　　　　　　　　237
不要轻信生物标志物　　　　　　　　　　　239

第 ❾ 章　幸福的哥斯达黎加人
——温度、天气和幸福感　243

天气与幸福感　　　　　　　　　　　　　　245
都是 SAD 惹的祸　　　　　　　　　　　　250
WEIRD 世界与真实的世界　　　　　　　　257
从被动性到适应性　　　　　　　　　　　　262

后　记　269

致　谢　281

注　释　285

第 1 章
热饮、电热毯与孤独感
——温度与人际关系

谢尔顿·库珀[①]走进公寓，发现好朋友莱纳德（Leonard）和霍华德（Howard）都愁云满面地在客厅里待着。

"怎么了？"谢尔顿问。

"没事，就是霍华德今天得在这儿睡了。他和他妈吵了一架。"莱纳德回答。

"那你有没有给他杯热饮？"

莱纳德没说话，盯着谢尔顿看，不明所以。霍华德一下瘫

[①] 谢尔顿·库珀（Sheldon Cooper）博士，CBS 推出的情景喜剧《生活大爆炸》(*The Big Bang Theory*) 中的一个智商高达 187 的物理天才，该角色具有二次元思维特点，由吉姆·帕森斯饰演。——译者注（如无特殊说明，本书脚注均为译者注）

在沙发上，也是一言未发。

"莱纳德！社交礼仪里可是说了：要是朋友心情不好，就该送上热饮，比如茶。"

"听着不错。"霍华德很是认同。

谢尔顿是美剧《生活大爆炸》中的主角。他刚才所言，可能会激起网上愤世嫉俗的言论，因为他说要用"热饮"鼓励朋友振作。不过，和他一样认为身体上的温暖和情感上的支持不可分割的大有人在。[1] 几个世纪以来，词作家和诗人都乐于将爱和关怀与温度的适度升高联系在一起，而孤独感和背叛常常被认为是冰冷的。芭芭拉·史翠珊①曾经唱过，回到"家中，温暖裹住全身"。此外，巴西乐队霍塔·奎斯特（Jota Quest）也曾高歌"爱是温暖，温热灵魂"。还有，披头士乐队（the Beatles）也唱过，幸福是"一把温暖的手枪"——这其实是一种讽刺，故意歪曲了《花生漫画》（Peanuts）的漫画家查尔斯·舒尔茨（Charles Schulz）的名言："幸福是一条温暖的小狗。"

即便在日常用语中，类似隐喻也随处可见。"温暖的"人都关爱他人，会积极做出回应。我们可能会受到"热情的欢迎"，也可能得到"冰冷的眼神"。波兰人可能会**热情地**（mówi ciepło）相互交谈，但法国人则偶尔会**"打冷他人"**（battre froid à quelqu'un），也就是"冷落他人"。

---

① 芭芭拉·史翠珊（Barbra Streisand），1942 年 4 月 24 日出生于美国纽约市布鲁克林区，美国女歌手、演员、导演、制片人。

第❶章　热饮、电热毯与孤独感

回溯到1946年，现代社会心理学奠基人之一所罗门·阿希[①]就通过实验发现，若描述一个人时使用"温暖"或"冰冷"等词语，便会极大改变其他人对这个人的看法。一个人可能被认为是聪颖智慧、技能高超或意志坚定的，但这些描述都比不上"温暖"或"冰冷"的评价影响大。阿希发现，人们会觉得温暖的人慷慨大方、善于社交、教养良好。相反，一个人若是冷冰冰的，别人不仅不会觉得他具备上述品质，还会认为他具有相反的个性：吝啬小气、冷漠疏离、心胸狭隘。[2]阿希认为，温暖-冰冷的维度是社会认知的基础。不过，科学家们用了很多年才发现这一不争的事实：上述基础品质不是简单的语言或思维隐喻的产物。我们实际上——字面意义上的——能感受到人际关系的冷暖。

时光快进到21世纪。2008年，在耶鲁大学宏伟的建筑物中，另一项实验正在进行。一名女大学生作为志愿者走进心理学大楼的前厅，与一位女性研究助理见了面。女学生要去四楼参与实验，助理便主动说要陪她一起去。助理的手里都是东西：咖啡、写字板还有两本书。两位女生朝电梯走去。

走进电梯后，研究助理请学生帮忙先拿一下杯子，然后在写字板上写了些什么。很快，电梯门打开了，两个人走了出去。

学生此时并不知道，实验的第一部分已经结束。刚走进实

[①] 所罗门·阿希（Solomon Asch，1907—1996年），世界知名的美国格式塔心理学家，社会心理学的先驱。

验室，就有人让她读一份对虚构"人物 A"的描述。这个人聪明、灵巧、勤奋、坚定、务实，而且谨慎。学生的任务是围绕10 项人格特质（跟"温暖"或"冰冷"相关的各 5 个）对 A 做出评价。

参与这一实验的 41 名大学生并不知道，研究者们早已将他们分为两组。在电梯里，一半学生帮忙拿的是装有当地威洛比（Willoughby）咖啡店热咖啡的一次性纸杯，另一半拿的是装有冰咖啡的马克杯。这个小小的细节已经足够影响学生们对 A 的印象。跟拿过冰咖啡的人相比，拿过热咖啡的人明显觉得 A 更为"温暖"。这对心理学家来说是极具突破性的发现。这意味着，身体上体会到的温暖可能真的会提升一个人对心理或社交温暖程度的判断。[3]

这一实验打开了研究温度与社交关系的洪闸——我自己的实验也概莫能外。

如果单单拿一下热饮就能让我们觉得其他人善于交往，值得信赖，那么这样做能让我们觉得自己和他人更亲近吗？我所指的并不是身体上更靠近，而是在心理和社交上更贴近，也就是我们说"好朋友"或"亲密家人"时表达的内涵。我下定决心要一探究竟。

"电梯咖啡实验"过去一年后，我和自己在乌得勒支大学[①]

[①] 乌得勒支大学（Utrecht University）是世界顶尖公立研究型大学，欧洲最古老的大学之一，荷兰最好的三所"U 类大学"之一，世界大学联盟成员。

第 ❶ 章 热饮、电热毯与孤独感

的学术顾问共同发表了一份变式实验的结果。我们设计的是"实验室茶"的实验。在实验中,我们让受试者在填写电脑问卷时握住一杯茶。这次也一样,一半受试者握住的是热茶,另一半是凉茶。(前几年,冰咖啡在荷兰并不常见,但热茶和凉茶都比较常见。所以,由于担心荷兰人认为冰咖啡太过奇怪,我们便使用凉茶代替。)实验结果表明,无论是在电梯里,还是在实验室里,让别人握住热饮或冷饮都会影响其对他人的感知。

之后,我们进行了下一步。我们让受试者观察一份基本评估量表,表上有几幅简单的维恩图。[4] 每幅图都包含两个圆,在量表最左边,两个圆形只是很靠近;而到了量表最右边,两个圆形相互交叠,几乎达到重合的程度。在两个极端之间,量表上两个圆形交叠的面积从左至右逐渐变大。我们让每名受试学生假设其中一个圆代表自己,另一个代表实验人员。我们要据此探究,两个圆是否交叠,如果答案是肯定的,那么交叠的情况是近乎重合还是几乎完全分离?我们此前已知,人际关系良好的人——更忠诚、更热忱、更成功的人,所绘维恩图中两个圆交叠的面积通常较大。在我们的实验中,与握住冷茶杯的人相比,握住热茶杯的人所画的两个圆形交叠面积更大。由此,我们得出结论,握住热茶杯的人认为,他们的**自我**与实验人员的**自我**交融程度更高。简而言之,他们认为,自己与实验人员更亲近,且理由很简单,就是他们握着的是热饮——不用喝,

005

只是握住而已。

我们还进行了相关实验,发现受试者甚至会使用更多词语来表达自己和他人关系的亲近。这项研究如下:我们没有再让受试者握住热茶杯或冷茶杯,而是让人们待在乌得勒支大学的房间里,有的房间比较暖和(温度为 72℉ 至 75℉,即 22℃ 至 24℃),有的房间比较凉爽(温度为 57℉ 至 64℉,即 14℃ 至 18℃)。接着,我们让受试者看了一段视频,是白色棋子和红色棋子移动的片段。然后,我们让受试者描述自己刚才所见,"温暖的"受试者会这样说:"我看到红色棋子跟着其他棋子,之后把它们吃掉。首先,她抓住了左边的第二颗棋子,然后是右边的。接着,她移到后面,抓住其他棋子,最后移到前面,吃掉了它们。"而"冰冷的"受试者则会说:"兵跟着后出战,但后不喜欢兵,就独自走了。这对白方不好,会引发冲突和各种问题。兵特别混蛋,就看着后消失,最后弄得谁都不开心,即使是高高在上的王或兵自己。"无论在"冰冷"还是"温暖"的条件下,参与者都倾向于将棋子人格化。不同的是,"感到温暖"的参与者会使用更多动词描述自己看到的内容,而"感到冰冷"的参与者则更青睐形容词。[5]

纯粹隐喻还是生理需要?

感谢语言,也感谢谢尔顿·库珀所说的"社交礼仪",我们

第 ❶ 章　热饮、电热毯与孤独感

才可以尝试自在不羁地解释身体上的温暖和冰冷与社交的热情和冷漠之间的关系，且这种方式可以抓住其本质，而非单纯促进调查，发展思想。无论是发展心理学家，还是受过良好教育且熟悉基本发展学说的外行人，都可能领会到我们所谓"明显"或"不言自明"的解释。尚为襁褓中婴儿的我们，就已经在父母关心我们时，学到了温度与关爱之间的关联。在成长过程中，我们会反复同时体验到心理上的温暖和身体上的温暖，由此强化上述联系——试想，婴儿在母亲的怀抱中，营养充足，安稳顺遂，远离寒冷。这种联系早已渗入我们使用的语言和隐喻中。上述联系解释了我们为何将关心他人的人称为"热情的人"，而认为不友好的人"冷若冰霜"。之后，触摸到温暖的物体，哪怕是热咖啡杯一样平淡无奇的物体，也可以唤起关于信任、包容与爱在智力和情感上的联想。手掌和手指握住温暖的杯子，就如同感受到了关怀备至的父母的触摸。

　　上述基于联想的解释之所以吸引人，在一定程度上是因为其非常符合常识。常识在日常生活中占据着极为重要的地位。我们不可能调查、思考遇到的一切，也无暇纠结于每个决定并尽力释明。常识具有启发性，所以我们才能理解或推断生活中遇到的大部分事物和情况。比如，过马路之前要观察左右两边，这是常识。在这种情况下，我们只需要常识。站在街角，心算过马路时的存活概率毫无价值，左右看看足矣。

　　但科学就不能如此仓促地得出结论。阿尔伯特·爱因斯坦

（Albert Einstein）曾有名言："所谓常识，就是人到18岁之前积累的所有偏见。"[6]科学并不会对常识置之不理，而是以之为基础向远处看、向深处看、向内部看。在体温和心理温度的关系方面，新的实验数据不断现诸期刊文献。无论是数量，还是内容，这些实验数据都表明，早期学习和隐喻并不足以全面解释这一关系。

在多伦多大学进行的一项研究中，52名大学生被要求参与"网络掷球"游戏[7]——心理学家们都喜欢利用这个游戏让受试者感到自己受到了排斥。网络掷球游戏的规则如下：受试者会被要求参与线上游戏，和另外两名参与者接掷虚拟的篮球。三名玩家互不相识。其他参与者都在各自的电脑前。游戏很简单，没有《魔兽世界》（*World of Warcraft*）一样的虚拟效果，只有线条粗糙的小人掷球而已。但我们不会告诉受试者，"另外两名玩家"其实根本不存在——那只是软件程序的一部分，负责让你觉得自己被接纳或被排斥。如果实验人员需要你被排斥，那么"他们"开始会朝你掷球一两次，之后就只是自顾自地玩儿，任你郁闷地盯着屏幕。然而，如果实验目的是让你觉得自己被接纳，那么其他玩家在游戏全程都会经常把球掷给你。

在多伦多大学的实验中，志愿者在网络掷球游戏中被排斥后，会被要求参与另一个实验，据说是与网络掷球游戏完全不相关的研究。（我的小提示：永远不要相信心理学家所说的与"其他"研究"不相关"。）在这项研究中，志愿者要对食物进

第 ❶ 章 热饮、电热毯与孤独感

行评级,评价表从"最不想吃的"到"最想吃的"共七个等级。表上列出的食物包括热咖啡、热汤、苹果、饼干和可乐,既有温热的食物,也有冰冷的食物,既有偏咸味的,也有偏甜味的。

对实验结果的分析向我们揭示了清晰的模型。在网络掷球游戏中,被忽视的人会觉得自己受到了拒绝,经常接到球的人会觉得自己得到了接纳,二者相较,前者更偏爱温热的食物。然而,在涉及如可乐或苹果等控制食物时,被拒绝的人和被接纳的人并没有表现出太大差异。由此可推,下次如果你觉得受到了挚爱之人的冷落,或者发现自己很想喝热茶或者热汤时,先想想自己的饥饿感——在这种情况下,是与温度调节更相关,还是和消化更相关。或许一个温暖的拥抱就能满足所有需求,甚至能给你更多。

刚和朋友吵了一架,你若觉得自己体温升高也很正常。在多伦多大学同一个团队进行的另一项相关实验中,人们要求被排斥的网络掷球玩家对自己所处房间的温度进行估量。(玩家被告知这些要求是校园维护人员提出的。)结果,一些人说房间很冷,是53℉(11℃),但另一些人则猜测室温接近104℉(40℃),遭到社交排斥的玩家所估计的房间温度均值,比被接纳的玩家估计的更低一些。两个均值之间相差将近5℉(约2.78℃)。这说明,孤立感会让学生们觉得身体上更冷。[8]

对有些批评人士而言,多伦多大学研究的结果似乎太过理想。偶然之下，我自己也进行了实验，研究在同时同地的情况下，社交温度和体温之间的关系，但我还没有准备好要公布结果。待证据更为确凿之时，我将得出与多伦多大学研究者所得一样的结论。我发现，如果人们觉得受人冷待，他们就会认为气温较低。然而，如果他们觉得受到了平等对待，就会觉得温度相对较高。如果他们**识别出**"温暖"——忠诚、友好、乐于助人——的人，就会觉得所处的房间也相对更温暖。

在波兰的海滨城市索波特（Sopot），我和同事们招募了80名学生，请他们读一则小故事。一些人拿到的故事是关于一个叫马克的男人的，另一些人拿到的故事则是关于一个叫玛塔的女人的。在其中一些版本中，对马克和玛塔的描述是"关心他人""体贴""忠诚""友好"。他们可能就是你心目中"温暖"的人，尽管我们刻意地避免使用这个词。在另一些版本中，马克和玛塔被形容为"能力强""有创意""一丝不苟""高效"——所有都是正面形容词，但都没有暗示"温暖"。在学生们读过小故事之后，我们让他们估计所处房间的温度，借口说最近房间被改造，学校需要学生反馈。与读到后一类版本的人估计的温度相比，读到前一类版本的人估计的温度要高2℃——69.7℉（21℃）与66.1℉（19℃）的对比。[9] 站在这个角度考虑，如果你想省暖气费，那么或许可以从找个"温暖的"室友入手。

对类似"马克和玛塔"这种实验来说，人们很难用常识解释温度与社交能力之间的关系。按照之前关于常识的理论，这

第 ❶ 章 热饮、电热毯与孤独感

些实验并不能表明它们之间有任何联系，因为暗示实际上是单向的。物理温度，比如热杯子的，可以引发"热情的个性"这种隐喻，继而让我们联想到信任与关爱。但根据暗示理论，想到信任与关爱，并不会让我们感受到物理温度的升高。这暗示发挥作用的机制并非如此。它们可以将具象的转变为抽象的，而非反之。[10] 显然，另有因素应予考虑。那么，会是什么因素呢？

我们需要更多线索。我和同事着手进行了另一项实验。实验如下：参与的学生坐在小格子间中，面对过时的电脑，电脑屏幕上是正在运行的网络掷球游戏程序。每位学生要把自己的优势手（大部分情况下是右手）放在电脑鼠标上，另一只手的食指则与体温传感器中的电缆相连。在经典的网络掷球游戏的安排中，每位志愿者不是觉得得到接纳，就是觉得受到排斥。

分析过数据后，我们得出了一个毋庸置疑的模式。受到社交排斥的人手指会变凉。皮肤温度平均会降低 0.68℉（约 0.38℃）。实验结果尚不止如此。在后续研究中，我们给了受到排斥的受试者一杯热茶。仅仅握住茶杯 30 秒，他们就觉得舒服多了，说冰冷的手指暖和之后，自己也逐渐没那么紧张了。[11]

事实证明，谢尔顿·库珀说得确实有道理，但这绝对不只是"社交礼仪"的问题。多伦多大学和我们自己的研究都表明，温度和社交之间的影响是双向的。物理温度会影响人对社交"热情"或"冷淡"的认知。这种双向性是我们的第一条线索：社会性温度调节远非暗示而已。至少从某种程度上看，对

"热情"和"冷淡"的认知与物理温暖和物理寒冷之间的关系肯定具有生物学上的意义。

让发展与进化升温

催产素和5-羟色胺等身体产生的激素,与以下两项活动有关:我们年幼时对父母的依赖,以及我们调节体温的方式。从狭义的角度看,催产素由母亲的抚摸激发,但通常被错误地理解为"拥抱激素"。而在其他物种身上,催产素也与身体的温暖状况有关:体温升高会刺激催产素的释放。[12]经过基因改造,缺少催产素受体的大鼠会无法调控自身的温度。[13]人们通常认为,5-羟色胺主要与舒服的感觉有关,(有时候)也与社交意义上的更友好、更"热情"有关。[14]身体激素的产生受体温的影响。研究表明,身处温暖环境中的老鼠,脑干中会生成更多借助5-羟色胺产生的神经元。[15]此外,功能性磁共振成像(fMRI)可以通过监测血流变化观察脑部活动,研究表明,控制社交行为和调控温度的脑区重叠度很高。[16]

新研究不断涌现,我们面对的情况越发清晰:催产素和5-羟色胺等生物机制的介入意味着,我们可能已经进化到社交温暖依赖于身体温暖的地步了。对于如人类婴儿一样年幼无助的动物而言,除了被父母照顾,别无其他保持温暖的方法。因此,若说调控温度的基础神经机制同时也控制着我们的社会关系,

第 ❶ 章 热饮、电热毯与孤独感

便是无可厚非的了。这意味着,我们在研究中看到的影响,不止是语言学隐喻的结果,甚至并非谢尔顿·库珀的"社交礼仪"所能囊括的。催产素不只是"拥抱激素",5-羟色胺也并不只是让人"感觉良好"的激素。[17]这二者对代谢或能量(特别是热量)相关资源的调节尤为重要。

由于生物系统的参与,动物如果可以抱团,就能够节省能量,从而减少周围环境造成的损失,让自己保持暖和。这样,动物就可以根据**社交**资本预判其未来的体温。企鹅知道,如果周围有很多其他可以依靠的企鹅,那么自己就不会因为燃烧珍贵的脂肪储备而被冻死或饿死。从进化的角度看,无法预测自身**社交**资本的企鹅存活的可能性较低,它们无法繁殖,更别说让基因传承下去了。在自然选择的博弈中,它们都是输家——如此,基因库倒会获益。

人类就以这种古老的、与企鹅相似的生物学为构建基础。此后,人们建立了更抽象、更"具有社会性"的概念,如信任、友谊及关爱。人类生物学进化的结果之一就是,"**温暖**"这个词逐渐演变为一种隐喻,表示信任、友谊及关爱等社会概念——实际上,从生理学角度看,这些都与身体的温暖有关。人是社会性极强的动物,且社交在很大程度上依赖于语言,所以我们一起忘记了体温与信任、友谊及关爱等社交概念之间最初的联系。现在,我们只能识别出这些概念与**温暖**和**冰冷**之间存在的隐喻联系。隐喻不过是一种方便的表达。然而,如企鹅一样,人类大脑这部机器仍然具有将天气预测与社交资本预测相结合的功能。无论是否意识到，我们都在评估社交线索，提醒身体近期天气是会变暖还是变冷。

问题在于，我们并非真正的企鹅。生活在21世纪的人非常复杂，单纯依靠社交温度和体温之间的古老联系，可能会给人际关系带来严重的后果。如果未能意识到指引我们的是什么，那么情况可能更令人担忧。

温暖（寒凉）之时

1989年4月19日，名为特丽莎·梅里（Trisha Meili）的年轻女子到纽约的中央公园慢跑。几小时后，有人发现她已不省人事，且有遭受过暴力强奸和残忍殴打的迹象，体温降至80℉（26.7℃）。当她被送到哈勒姆（Haarlem）的大都会医院时，医生都深感震惊，因为梅里失血已达75%。在袭击发生整整12天后，梅里才逐渐恢复意识，却失去了大部分记忆。警察很快从哈勒姆逮捕了5名年轻男子，其中4名是黑人，另有一名是拉丁裔。这5个人被控强奸和谋杀未遂。对如今媒体口中"中央公园五罪犯"的庭审于1990年8月开始。

"审理在……寒冷的法庭中进行，这就奠定了基调。"这句话摘自《纽约时报》对庭审中三名被告［也就是当年同为15岁的优素福·萨拉姆（Yusef Salaam）和安特罗恩·麦克卡

第 1 章　热饮、电热毯与孤独感

里（Antron McCray）以及 14 岁的雷蒙德·桑塔纳（Raymond Santana）]所言的记录。实际上，文章这一部分的小标题是《寒冷，寒冷的法庭》。[18] 经过 10 天辩论，陪审团递交了判决：三名被告犯有强奸罪、袭击罪、抢劫罪和暴乱罪罪名成立。另外两名被告，即凯文·理查森（Kevin Richardson）和科瑞·怀斯（Korey Wise）也于 1990 年 12 月经审讯分别获罪。5 名被告分别被监禁了 6 年至 13 年。但至此，一切尚未结束。2001 年，已经因谋杀罪入狱的马蒂亚斯·雷耶斯（Matias Reyes）供述，当年袭击慢跑者的是自己——完全是其一人所为。DNA 证据证实了其供述。也就是说，5 名少年是被错判入狱的。

在对其中三名被告进行审理时，"寒冷，寒冷的法庭"成了记者着重提到的内容。这会对判决和量刑产生什么影响吗？我们无从确定。此外，对这个案件来说，种族偏见或许比环境温度的影响更大。无论如何，研究表明，房间温度的因素不能被排除在外，实际上，这一因素的影响绝非轻微，甚至可以说是不容忽视的。

在一项 2014 年于德国进行的实验中，133 名大学生观察了 8 名犯罪嫌疑人的照片，之后猜测每名嫌疑人被逮捕的罪名。学生们不知道的是，自己所处实验室的温度已经过调整，分别为较热的［79℉（26.1℃）］、温和的［74℉（23.3℃）］和较冷的［67℉（19.4℃）］三种类型。结果表明，处在较冷"法庭"中的学生们更倾向于对罪犯施以重罚。与处在其他两类房间的志愿者们相比，他们认为8名"罪犯"应该因所犯之罪被监禁更长时间。在较冷的环境中，受试者大多认为"罪犯"犯下的是绑架、谋杀等罪行；在其他环境中，受试者大多认为"罪犯"犯下的是持有毒品或偷税漏税等罪。[19]

由此可见，万一有一天你要面临审讯，不妨试试期望法庭暖气充足——显然，这是"中央公园五罪犯"案件里其中三个罪犯从未曾拥有的待遇。不过，我们不得不承认，关于"法庭"温度的影响，还没有足够令人信服的解释。

在德国进行的其他研究中，研究人员要求男性参与者分别在气温较高或气温较低时观察自己，并与他人相对比。在其中一份研究中，一些参与者看到的是尤为强健的男性躯干，另一些参与者看到的是较为瘦弱的男性躯干。之后，他们被问到自己能做多少俯卧撑，或伸开双臂拎着一升啤酒能坚持多久，如果是在气温较高的日子，男性参与者会倾向于将之前所见之人作为标准（无论标准如何），并与之比较。如果看到的是强健的男子，那么参与者可能自认为像正处盛年的阿诺德·施瓦辛格（Arnold Schwarzenegger）。在气温较低的日子，这种情况并未出现。[20]

如此，在相对温暖的环境中，人们会认为自己与陌生人更相似。相反，在相对寒冷的环境中，人们想到的可能是与自己更亲密、对自己更珍重的人，所以不会过多考虑陌生人。综上所述，这些结果表明，为何在寒冷的环境中，人们会对犯罪嫌疑人有负面印象——他们会将其与自己相对比："我可和他不一样。"此外,他们还可能会想到与珍爱之人之间那种"温暖的"关爱,所以在想到犯罪行为和威胁时,就会觉得更加可怕、恐怖。

依恋类型的影响

无论是从社会氛围的温暖或冷漠判断,还是从其他人命运的有罪或无辜来判断,温度都会影响我们的"判决",这与我们如何构建人际关系相关。依恋理论想要阐释的是各种人际关系。大多数心理学家认为,我们是在童年时期发展出了不同的"依恋类型"。伟大的发展心理学家约翰·鲍尔比(John Bowlby)和玛丽·安斯沃思(Mary Ainsworth)确定了三种主要类型:安全型依恋(孩子觉得自己可以依靠父母时出现)、焦虑-矛盾型依恋(父母对孩子的回应并不稳定)以及焦虑-回避型依恋(与父母没有回应的行为有关)。之后,另有一种补充类型出现,即紊乱型依恋(矛盾型依恋与回避型依恋的结合)。[21] 而且,父母必须注意到的一个关键方面是,孩子是觉得太冷还是太热。

我自己的研究同样表明,温度对行为的影响与依恋类型有关。以下是我之前和同事进行的实验。在与阿姆斯特丹南部相邻的荷兰小镇阿布科德(Abcoude),我们邀请了60名幼儿园的孩子参与。首先,我们对孩子们的友谊依恋类型进行了测试。我们提出诸如"你觉得自己很容易和别人成为好朋友吗?"

或"如果没有好朋友,你会觉得怎么样?"的问题。我们要由此确定孩子们能理解问题,知道我们要问的是什么。为了帮助孩子们明白如何运用量表,我的学生艾玛·兰德斯特拉(Emma Landstra)列举了其他问题,并通过孩子们能表示明显喜好的事物进行练习。比如提问"你喜欢抱子甘蓝吗?"之后,请孩子们用数字量表回答,箭头方向会清晰提示孩子们该如何作答(如下图所示)。

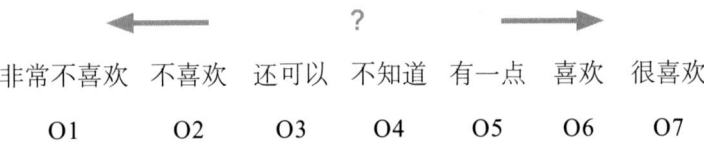

接下来是一些小游戏。有些孩子被带到相对较冷的房间,室温为59℉至66℉(15℃至19℃)。还有些孩子被带到温度相对较舒适的房间,室温为70℉至78℉(21℃至26℃)。我们给每个孩子发了10张同样大小的贴纸或20个气球,问他们愿意把其中多少个送给"隔壁"自己不认识的小朋友——我们说,那个小朋友没有礼物。其实,隔壁并没有小朋友,但小小的受试者对此并不知情。

分析了所有数据后,我们发现:在温暖的房间中,安全型依恋的孩子给隔壁小朋友的贴纸更多;比较冷的房间中,安全型依恋的孩子平均多出不到三张,后者平均只愿意给一张半贴

第 1 章　热饮、电热毯与孤独感

纸。对于不安全型依恋的孩子来说，房间温度没有太大影响。无论是在温暖的房间还是寒冷的房间，他们愿意分享的贴纸数量基本一致——约为一张。[22]

对此结果，我们并未觉得意外。依恋和温度紧密相关。例如，玛丽·安斯沃思发现，如果孩子表现出的是不安全型依恋，那么母亲通常会有避免亲密的肢体接触的表现。[23]我们还发现，被贴身抱住的新生儿，皮肤温度和核心温度①的差距相对更小。[24]这表明，只有我们在生命初期就已经体会到，身体的温暖和他人的关爱不可分割（我们具有安全型依恋），体温与心理温度之间的生物学关系才会被激活。

这样看来，首要因素是基因组成的"排布"，其次是学习。[25]儿童通常会学习表达需求，促使父母以解决自己需求的方式做出回应。如果觉得冷，孩子会说"妈妈，我冷"，之后，孩子可能会得到拥抱，可能会得到一张毯子，也可能会发现卧室温度被调高。在这一早期学习阶段中建立的生理、身体和情感联系会贯穿我们一生。每当体温升高，令我们感到舒适时，社会亲近感、友谊和信任的概念就会被唤起。从另一个角度看，如果经历过诸如拒绝或背叛等令人心灰意冷的事，我们就会认为环境物理温度比实际更低，这很可能是因为皮肤温度确实下降了。人类是相当复杂的动物，所以情况可能更加难以理解。

---

① 通常指人体的直肠温度。——编者注

那么，我们已经了解到了什么呢？大脑是"天气预测器"，能预测社交温度。朋友和家人是否可以信赖？他们会在我们需要的时候带来温暖，让我们远离危险的寒冷吗？过去，在没有集中供暖或三重罗纹特大号电热毯的日子里，这种社会-天气预报可能事关生死。

集中供暖蹊跷的"胜利"

1779年，在巴黎市中心的致命街①，劳工路易·贝凯（Louis Bequet）和自己的妻子以及5个孩子挤在唯一的一张床上——一家七口共用一张床。工人生活艰苦，放眼革命前的法国以及整个欧洲都是如此，这一点已被记录在巴黎的城市档案中。研读过档案后，我们发现，18世纪的巴黎人很少能拥有属于自己的床。只有不到10%的孩子能有自己的摇篮或小床。仆人们都要和其他仆人挤在一起，而且大家通常都互不相识。总的来说，在1695年到1715年，一张床上平均要睡2.3个巴黎人。

这种"沙丁鱼罐头"一样的睡觉模式确有好处。"肢体接触会产生热量。舒适关乎身体感觉"，法国历史学家丹尼尔·罗什在其作品《巴黎人民》中如此写道。人的身体每小时可以释放约330Btu（英制热量单位）的能量——与普通100瓦钨丝白炽

---

① 致命街，即现在的市政街。1832年，巴黎霍乱流行时，该地区疫情较为严重。

第 ❶ 章 热饮、电热毯与孤独感

灯每小时所释放的热量基本相当。在巴黎相对温和的冬天,要想让 100 平方英尺(约 9.3 平方米)的小卧室保持温暖,每小时就需要约 1,100 瓦的能量。因此,尽管躺在路易·贝凯家床上的七口人并不足以真正保证房间温暖,但他们释放的身体热量,可以满足 60% 的空间加热需求。此外,这只是考虑了身体热量,还没有将拥抱带来的社交及情感温暖效果纳入考虑。无论如何,有一点确凿无疑,挤在一起时,人类以外的动物在保暖方面所消耗的热量将节省 53%。由此,即使没有火炉,贝凯一家人也可能会睡得很舒服。[26]

过去几个世纪中,同眠共枕是人类的常态。直到 19 世纪中叶后期,你还能在爱尔兰图拉格贝利的教区,看到 9 个人睡在同一张床上。这 9 个人根据性别不同,采取不同的睡姿——女士头朝一个方向,男士头朝另一个方向,双脚放在两名异性的头中间。[27] 他们像企鹅一样,睡得温暖舒适。温暖与社交之间、舒适与信任之间的物理联系清晰明了。然而,在现代,物理联系已被大肆破坏,至少成年人之间是这样。集中供暖的胜利就是其中关窍。

这场胜利由来已久。据目前所知,集中供暖在古希腊时就得以发明,后在罗马得到长足发展。比如,在保存极为完好的庞贝古城史塔宾公共浴池(Stabian Baths),就有所谓的火炕系统。这和我们现在的地暖很相似,地板由 27 英寸至 35 英寸(68.6 厘米至 88.9 厘米)高的小柱子支撑,内里有自暖炉而来的热风流通。和罗马文明的其他先进之处一样，集中供暖和火炕系统，随着罗马帝国的衰败以及欧洲黑暗时代的降临而消失。于是，人们再次回到了之前共享一张床，依靠他人身体取暖的时光。直到19世纪，集中供暖才重新出现，并逐渐进入各家各户。

得益于集中供暖的技术进步，比起祖先，如今生活在发达国家的我们似乎减少了与他人肌肤相亲的需求。现在，作为成年人，我们不必经过"社会-天气预报"的过程就能评估亲密的人是否会在需要时出现，至少是否会在我们需要取暖时出现。现代人会因此觉得更为独立和自由吗？我们是否因此便较少依赖他人，较少寻求共鸣？由于尚没有关于拥挤程度降低对我们自己及社会关系之影响的研究，我们只能推测答案。不过，有一点是肯定的，我们的基因排布基本未曾改变。我们仍然拥有心理温暖与生理温暖之间根深蒂固、如大鼠一样的神经联系。此外，我们在生命早期就已经学到，**贴近**等于**关爱**——至少大部分人都学到了这一点。

由于身体-生存对拥抱的需求减少，集中供暖带来的挑战之一是，人类要如何使用社会性温度调节这一手段来创造、强化和维持社会及情感纽带。电子通信及数字通信等更为现代的技术得以普及，我们因此能够在分隔两地的情况下沟通互联，根本不用发生肢体接触。尽管遥遥相隔，但我们仍能实时彼此倾听，彼此相见。然而，虽然这种能力非常卓越，但它也提醒我们，如果缺少身体上的亲近，我们同时可能会失去很多。

第 ❶ 章　热饮、电热毯与孤独感

触摸和温暖构成了人类交流的重要方面。某种科技可能会替代这些方面，但当这种科技无法应用时，上述重要性就会凸显出来。此外，如果技术突然失常，比如火炉出现故障，无法集中供暖，我们就会被动地意识到，依靠他人取暖，付出令人宽慰的温暖究竟意义何在——有的时候，这种温暖甚至能让生命延续。即便时至今日，在这种极端的情况下，我们也能得到提醒，在整个进化过程中，社交温暖对生理温暖的依赖已经深深植根于每个人的身体中，企鹅、裸鼹鼠、摩洛哥北非短尾猿也都是如此。

人类远祖需要他人的参与进行体温调节，以减少个体能量需求。其中，能够较好判断他人的可靠性，并且善于预测周围环境的个体得以存活，其基因也得以传承。数千年来，在这一基本原理的基础上，更先进的认知系统得以发展。他们利用古老的基因排布处理复杂的社会信息。我们通过新生儿，验证了古老的基因排布。父母关爱我们，在他们的怀抱中，我们大多数都能确认身体温暖实际上就代表了安全与关爱。在童年后期和成年之后，即使我们拿着热饮或冰袋，这种机制也可以被激活。正因如此，在我的实验中，与拿着冰咖啡杯的人相比，拿着热咖啡杯的人会觉得自己与实验人员更亲近。也正因如此，波兰学生会觉得友善体贴的人让他们身上更温暖。温度升高对我们来说意味着其他人在附近，相反，寒冷则表明我们孤单一人。在现代社会的环境中，密集的数字联系是一大特征，因此，受到排斥而未能全面参与线上游戏，会让你觉得自己所处的房间比较冷——就和 1779 年的路易·贝凯一样，在寒冷的巴黎清晨，他留下妻子和 5 个孩子在床上安睡，独自离开家门去上班时也有同样的感觉。

身处 21 世纪的社会，社会-天气预报比我们祖先的报告要复杂得多。或许，我们通过机械手段与电子手段的结合，已经克服了很多时间和空间上的障碍，但我们无法逃避、无法征服，甚至无法掌控物理环境的各个方面。体温会影响法庭裁决，随着温度计汞柱的降低，被告也显得更为冷血。此时，了解温度如何给我们带来某种感觉或让我们有某种反应，并探究其背后的原因，具有前所未有的重要意义。这一切是如何发生的？在接下来的一章中，我们将探寻"体验认知"这一新兴领域。长久以来，笛卡儿主义者都坚持严格的身心二元论，认为整个身体与认知的心智过程之间有迄今无法识别的联系。刚刚提到的新理论，正是对此的回应。

第 ❷ 章
人体机器
——温度与体验认知

谢尔顿·库珀认为热饮具有社交潜力，这一看法已经得到了大量研究的印证。显然，温度不仅让我们有所感受，也能让我们以特定方式采取行动。这种影响的过程和机制是怎样的？为何如此？为了回答这些问题，我们首先要深入了解认知科学的历史，以及总体认知不断发展的模型，尤其是体验认知。

让我们从文艺复兴后期讲起，勒内·笛卡儿（1596—1650年）是科学革命的主要推动者之一，他在哲学、数学和心理学等科学领域做出了巨大贡献。他所著《论灵魂的激情》（*Les passions de l'âme*，1649年）一书，是论述情感方面的开创性作品。在书中，作者向广大读者承诺，本书将"是颠覆之作"。他质疑一切，但又似乎对一切早已找到答案。他对"激进怀疑"的回应最为著名，这缘于哲学的立场，即知识永无止境。"*Je pense, donc je suis*"，他这样写道。之后，这句话被翻译为拉丁文，即"*Cogito, ergo sum*"。通常，这句话的中文翻译是**"我思，故我在"**。[1]

这句回答甚为精妙，然而，和所有三段论一样，这句话未做深入探讨。笛卡儿对思想与身体的关系的思考更为深入。他假定存在于身体内的思想就如"船上的领航员"。[2] 这个比喻暗示出，思想会影响身体，但身体对思想毫无影响。其实，笛卡儿所表达的远非其中的比喻含义——他认为所谓的**"松果体"**，即大脑中的松果体，是灵魂安置之处。这里才是思想形成的地方，而非大脑。当灵魂让松果体形成思想时，灵魂就会受到驱使，进入大脑的空隙，大脑指挥它通过神经到达肌肉，由此可见，肢体移动的动作是由大脑指挥完成的。

对于笛卡儿而言，无形的思维不是有形大脑的一部分，正如领航员不是其所驾驶的船舶的一部分。然而，正如**有血有肉的**领航员无疑会对**木质**轮船的航向产生影响，**无形的**心灵借助松果体，也会对**有形的**大脑产生影响，使之移动**有形**身体上的**有形**肢体。这就是哲学家们所说的笛卡儿二元论。由于现代的诸多发展，笛卡儿二元论对我们理解人类功能有重要启发。在这一理论中，思维与物质的关系基本上是单向的：思维会影响身体，但身体对思维没有任何影响。

考虑到诸多变化因素，笛卡儿二元论实际上描述出了 21 世

第 ❷ 章 人体机器

纪人们对认知的看法，也就是思想位于大脑中。我们之后将会看到，很多证据都可以证明，上述观点有很大局限性。其中最突出的就是，如果认知仅限于思维，没有通过各种方式体现在有机体中，社会性温度调节就无法实现。那么，我们应该如何认识思维呢？

从笛卡儿到图灵

若说笛卡儿是科学革命之父，那么艾伦·麦席森·图灵（1912—1954 年）就可谓尚未完结的人工智能（AI）革命之父。1936 年，在数学方面颇有建树的图灵发表了一篇开创性的论文，题为《论可计算数及其在判定性问题上的应用》。在这篇文章中，他详细描述了自己的构想：一种"通用计算机器"，能够执行任何可以用算法表示的计算。[3] 这一思想实验是用一种正统的数学方法来替代论文题目中的**"判定性问题"**（entscheidungsproblem）。换言之，我们可以认为图灵发明了电子计算机——具有系统性，且将具体内容付诸笔端。看过 2014 年图灵传记片《模仿游戏》(*The Imitation Game*) 的人都知道，在第二次世界大战期间，图灵建造了一台电子计算机器，用于破解德军臭名昭著的"恩格玛"密码。战争结束后的 1950 年，在曼彻斯特大学任教的图灵发表了《计算机器与智能》一文，探讨了"机器能否思考？"这一问题。[4]

首先，图灵认为，"思考"这个概念无法用任何有意义的内容定义。因此，他提出了一个相对模糊的问题：在《模仿游戏》中大放异彩的"具思考能力的数字计算机"是否存在？正如他在论文中提到的，模仿游戏是一款三人游戏。玩家A是一名男性；玩家B是一名女性；玩家C是"询问者"，既可以是男性，也可以是女性。玩家C看不到玩家A和玩家B，但可以通过笔记与之交流。通过询问玩家A和玩家B，玩家C要做的是确定哪个玩家是男性，哪个是女性。按照设定，玩家A的任务是诱导询问者做出错误决定，玩家B的任务是引导询问者做出正确决定。最后，论文的结论是，就能够进行模仿游戏的数字计算机而言，其输出的结果，应该与人类玩家得出的结论一样。由此可见，我们无法彻底否定机器可以思考这一命题。

图灵的结论不仅对哲学、科学和人工智能技术有重要意义，也是现代人类对笛卡儿二元论的证明。图灵推测，数字计算机——机器——将越来越与人类相似，因为至少从接收输入和结果输出方面评估，人类大脑产生的"思维"与机器大脑产生的"思维"之间几乎没有区别。那么，身体的生物组织该当何论？就最终产品而言，这对思维并没有产生影响。无论我们所讨论的"思维"是源自人脑还是数字机器，其功能都是计算机对算法的计算。它本质上离不开图灵机。

第 ❷ 章 人体机器

被挑战的笛卡儿和图灵

笛卡儿二元论自始至终没有被普遍接受,图灵毕竟也没有最终确定人类"思维"与机器"思维"之间毫无区别。他的论点是,仅从输入和输出看,人类认知的产物与机器认知的产物之间很难区分。如此,我们可以说,机器和人类都可以"思考"。图灵描述的是一种假想的机器,可以应用算法解决问题。如此,他通过确定数字计算机的三个不可或缺的部分——数据储存单元、处理单元以及控制单元,奠定了计算机科学的现代理论基础。这种"图灵机"也被广泛用于描述人类思维。笛卡儿推测,松果体是灵魂安放之处。但图灵却并没有解释思维的器官。图灵机的三大部分或许提出了一种关于认知过程的可行比喻,但这既不是解剖学上的,也并非生理学上的。的确,于图灵而言,人类思维仍是一个黑匣子,可以收纳数据,呈现结果("思想")。

这些都不意味着身心二元论或笛卡儿二元论是错误的,但最近的研究表明,人类思维不仅是独立于身体而运行的处理单元,也就是领航员在船上,而非船本身的一部分。实际上,身体与头脑相互之间的关系,比笛卡儿或图灵推测或想象的更为错综复杂。举例来说,如果背包较重,那么斜坡就会看起来更陡——不是**感觉**陡,而是认知上**显得**更为陡峭。在美国弗吉尼亚州夏洛茨维尔进行的一项研究中,受试者被要求站在山脚下估计山体的坡度。如果受试者的背包较沉，或觉得比较疲惫，那么山坡看起来就更陡。[5]但如果让人们站在高高的阳台，估计从阳台到地面的距离，那么他们对跌落的恐惧就会影响其结论。[6]不妨再考虑一下：如果在**空间**中移动，那么我们对**时间**的认识就与静止时不同。斯坦福大学的学生被问到一个模棱两可的问题："如果下周三的会议被往前移了两天，那么是周几要开会？"如果此时他们正跟着买午餐的队伍快速地往前走，他们就会认为答案是周五；要是换作站着不动的学生呢？他们的回答是，周一。①如果思维与身体之间没有直接联系，为何确定会议安排的时间需要身体的移动——或者说至少要受到推动——作为辅助呢？[7]

一旦开始考虑思维与身体间的这种联系，再想停止就很困难。因为你会发现它们无处不在。举例来说，感到内疚和被迫洗手之间就有联系。我们在《圣经》中就能看到这种身心联系："（本丢）彼拉多见说也无济于事，反要生乱，就拿水在众人面前洗手，说，流这义人的血，罪不在我，你们承当吧。"[8]当然，在莎士比亚的作品中，我们也看到过类似的场景。麦克白夫人激怒了丈夫，致使其杀害了明君邓肯和其他无辜的人之后，她顿时被罪恶感吞噬，在梦游时有洗手的动作。"这是她的一个惯

---

① 在理解"往前"这个词时，移动的受试者采取的是"自我移动视角"，即将时间向自己移动的方向推进；而静止的受试者采取的是"时间移动视角"，即将时间向当前时间靠拢。——编者注

第 ❷ 章　人体机器

常的动作，好像在洗手似的。我曾经看见她这样擦了足有一刻钟的时间"，医生在推测麦克白夫人可能疯了时询问侍女，结果得到了这样的回答。[9]

不止《圣经》和文学作品会将罪恶感与洗手联系在一起。2006 年和 2010 年发表的心理学研究，似乎也证明了一种"启动"效应（暴露于一种刺激时，我们的思想会被激活，导致我们对之后的刺激做出反应）：如果产生了羞耻感，那么想要清洗的反应就会随之增强。举例来说，在 2006 年的一份研究中，受试者被要求回忆自己曾做过的一件好事或一件坏事。之后，他们要将三个单词填写完整：W_ _H、SH_ _ER 和 S_ _P。被要求回忆所做坏事的人，写出 WASH、SHOWER 和 SOAP 的概率比写出不包含清洁含义的 WISH、SHAKER 和 STOP 等词的概率高大约 60%。[10]

大多数关于体验认知的书都会止步于此，因为作者认为已经将情况彻底说明。但仅仅描述影响尚且不够。我们需要进一步了解其背后的机制。我刚刚提到的结论确实很有意思，但问题在于，其他研究人员在样本量更大的条件下复现 2006 年的研究时，却无法得出与其相同的结论。[11] 这就是复现危机的先兆，是自 2011 年以来一直困扰着心理学界的问题。

复现危机的出现至少在一定程度上是由于，人们在缺乏足够了解的情况下急于得出结论。在本书中，我会尽力避免过早得出结论。这就意味着我通常无法给出确切的答案。或许有些

031

读者并不能适应，但于我而言，作为科学家，我的工作并不是讲述精彩的故事，而是摆明事实。在此，不容辩驳的事实就是：心理学书籍甚至不应该有提供建议的想法，也不能对生活中的行为提出明确的指导。大多数心理学家尚且不能让统计工具变得如此规范。我们目前能做到的就是我现在要实现的目标，即发现一般性原则，让读者比翻开本书之前更为睿智——在理想状态下，这是一本可行的书面理论，但尚未成为正式的理论。此外，我也赞同出生于巴西的生物学家彼得·布莱恩·梅达沃在《科学的局限》中所说的："科学是人类有史以来最成功的产业。"[12] 当然，其成功的重要原因之一就是，学科科学哺育了我们这些运用它表达对一切有根本怀疑的人。

本书之后还会探讨复现实验的问题，但现在要说明的重点是，上述失败绝非对思维与身体间联系的**否认**。它们实则暗示出了这种联系——心理学家所说的体验认知——不仅不简单，而且不直接。如果参加的某个计划、项目或任务变得令人不悦，那么在表达自己想要与之彻底撇清关系时，你可能会说："我要金盆洗手！"这象征性的洗礼——洗手——是强有力的比喻，使摆脱愧疚或某种情感负担的抽象概念变得具体，由此更为生动易懂。不过，成功的比喻虽然可以将某个抽象的思维或情感变得具体，但并不一定意味着，抽象的思维或情感会推动（或者说**促使**）某个相应比喻的产生。换言之，回忆过去让你羞愧的行为，不一定会促使你在看到"S_ _P"时想到 SOAP，而非

第 ❷ 章 人体机器

SHIP、SHOP，抑或 SLOP。

体验认知的例证非常丰富。沉重的背包实际上确实会影响一个人对坡度估计的认知行为。改变对空间的看法，对我们**思考**时间的方式有明显的——且经过反复证明的——影响。此外，我们之后还会看到，通过内部温度调节机制的调控，我们自身对温度的感受显然会对思维产生影响，这一点也屡试不爽。和动物界的其他物种一样，我们的身体会影响认知，这并不完全局限在头颅里那完美而又与世隔绝的大脑之中。

认知的革命

生理机制和心理机制自始至终不会单独发挥作用。在探讨本书其他内容之前，为了有效探讨温度调节在社会性温度调节方面发挥作用的方式，我们需要首先在认识科学的领域理解温度调节。因此，我们需要了解历史背景知识。

类似其他革命，认知革命最初也是作为反革命出现的：其用作反抗手段的行为主义，本身就是对精神分析以及其他所谓深度心理学的抗争方式。很多心理学家都抵触深度心理学，因为以其主要假设为基础的推测无法通过实验获得验证。行为主义关注的是原因与结果、刺激与反应、输入与输出，而非认知过程无法得到充分验证的假设。19 世纪末，美国心理学家爱德华·桑代克（Edward Thorndike）制定了"效果律"[13]。定律很简单，即如果某种反应在给定情境中产生了令人满意的效果，那么之后在同一种情境中，出现这种反应的**概率**就会**增加**；相反，如果某种反应在给定情境中产生了令人不满或不舒适的效果，那么这种反应在该种情境中出现的概率就会**降低**。20世纪上半叶，美国心理学家约翰·B. 华生（John B. Watson）在桑代克效果律的基础上创立了"方法行为主义"，对"外显行为"——可被客观观察到的个体行为，以及"内隐行为"——无法被客观观察到的思维和感受，进行了区分。当然，内隐行为属于深度心理学的范畴，但华生认为，由于这些行为无法被客观观察到，所以不应被纳入心理学家的考量范围。华生还认为，对于科学的心理学研究而言，唯一有效的客体就是外显行为：可见的、可衡量的行为。[14]

认同华生所持观点的行为主义者认为，人们会根据某种行为可能会带来的后果而调整（"修正"）自己外显的，或者说是公开的行为。从这一假设出发，早期行为主义者会使用正强化和负强化等措施诱发或增加期望的行为，通过正惩罚和负惩罚减少或消除不被期望的行为。华生派行为主义者认为，强化与惩罚的内部过程是内隐过程，因此自始至终无法被客观观察到。

20世纪30年代，另一位美国心理学家B. F. 斯金纳（B. F. Skinner）提出了一种新的行为主义理论，即"激进行为主义"，摒弃了单纯忽略内隐行为的理念。他通过推理，提出内隐行为实际上并不完全是内化或与世隔绝的，而是与可观察行为，即

第 ❷ 章 人体机器

外显行为一样,受某些环境变量的影响。然而,激进行为主义者即使认为内隐行为并非完全内隐,也通常会将认知过程视作黑匣子——或许不是永远无法研究,但至少难于登天。[15]

虽然"激进",但斯金纳的方法也未能幸免于被革命。至少两部突破性出版物对现代认知研究的发展产生了重要影响。其中之一是《解释的本质》。该书于 1943 年出版,作者肯尼斯·J. W. 克雷克是英国心理学家和哲学家,也是医学研究理事会应用心理学部的第一任理事。在这部开创性的认知科学作品中,克雷克提出,心理构造了现实的"小模型",并以此为基础预测事件。这就是如今"心智模型"的雏形。有些心理学家认为,"心智模型"是外部现实的内部表示,在总体认知以及更具体的推理和决策中扮演着重要角色。[16]

克雷克在实验认知心理学的发展中有至关重要的作用,但我们永远无法得知他本人对心智模型概念的发展还能延伸到何种程度。1945 年 5 月 7 日,骑着自行车的肯尼斯·克雷克在剑桥被汽车撞成重伤,不治身亡,享年 31 岁。不过,1971 年,研究人员杰伊·赖特·佛瑞斯特提出,"周围的世界,也就是我们头脑中的世界,只是一个模型"。任谁都无法"想象世界、政府或国家的全部"。退而求其次,我们的脑海中"只有选定的概念,及其之间的关系",借此"代表真正的系统"。[17]

第二本具有里程碑意义的出版物是艾伦·图灵 1950 年发表的《计算机器与智能》,我们此前已有提及。图灵指出,他的目的并不是回答机器是否可以"思考"的问题。他提出的问题是我们能否有效模拟人类行为,最终达到无法将人类认知行为与计算机"认知"行为进行区分的地步。其中的关键不在于计算机是否可以思考,而是计算机在解决认知问题时,是否可以取代人类。图灵对这一点给出了肯定的回答。对人类认知研究来说,更重要的是打开黑匣子的盖子。《计算机器与智能》隐含着这样一个观点:人们很可能可以推断"内隐行为",也就是包括认知在内的内部心智过程。要注意,那是在1950年,距离可以绘制大脑活动影像的功能性磁共振成像技术出现尚有很长时间。[18]

图灵和克雷克理论的后继者通常会通过"思维如计算机"的隐喻来解释认知,这种方法非常具有影响力。然而,1980年,美国哲学家约翰·塞尔在《行为与脑科学》上发表了《心智、大脑与程序》。论文的核心是一场被称为"中文实验室"的思想实验。其假设的前提是,人工智能研究成功地构建出了一种计算机,可以表现出理解中文的样子。对计算机输入中国汉字,计算机就会输出句子,令会说中文的人都"挑不出毛病",从而通过图灵测试。[19]

但塞尔提出了一个问题:计算机真的**理解**中文吗?还是只是**模拟了**理解中文的能力?对于第一个问题,塞尔将肯定的答案称为"强AI";对于第二个问题,塞尔将肯定的答案称为"弱AI"。

接下来,塞尔想象自己在密闭的房间里,房间里有计算机程序的英文版。此外,他还有很多纸张、铅笔、橡皮和文件柜。

第 ❷ 章 人体机器

塞尔可以通过门上的小窗口接收传递给他的中文字符,之后根据程序的指令处理,生成输出的汉字。塞尔提出,如果计算机以这种方式通过了图灵测试,那么他也一样可以通过手动方式运行程序。这意味着,在实验中,他的角色和计算机的角色之间没有显著差异。他们都遵循了同样的算法程序,生成了观察者眼中演示智能对话的行为。

塞尔承认,"我根本不会说中文",因此,他得出结论,计算机也无法理解中文对话。在他看来,没有"理解",计算机就没有"意识",进而其经历的过程就**不是**思考。如果机器不会思考,那么肯定也没有"思维"。由此,塞尔的结论是,强 AI 并不存在,也就是说计算机不能像人的思想一样发挥作用,反之亦然。

塞尔发表"中文实验室"的实验 10 年后,出生于匈牙利的认知科学家史蒂文·哈纳德用"符号困境"描述了塞尔的难题。也就是说,他要回答的问题是"中国汉字——或者更笼统地说,我们头脑中的符号——是如何获得其含义的?"。哈纳德之所以接受塞尔对强 AI 的推翻,理由是仅仅接收中文符号,之后单纯地依其形状进行操控,并不构成理解,无论是输入、操控,还是输出环节,无论行为实施主体是计算机还是不懂中文的人。假设计算机输出的内容与人类输出的难以区别,我们便可以据此推断,只要人类承认自己根本不**理解**中文,那么计算机肯定也不**理解**中文。正如哈纳德在"符号困境"中所提出的,符号系统的含义并不植根于其形状，而是像书中的字母和单词（符号）一样，是"源于我们头脑中的含义"的。其含义是外在的，"不像我们头脑中的含义那样具有内在性"。因此，这"并不是解释我们头脑中含义的可行模型"。简而言之，认知并不单纯是对符号的操控。哈纳德已经指出，翻译古语或解密密码的人之所以能够成功，是因为其以母语为基础，且拥有从现实世界中积累的知识。这种基础是古文书学家或密码学家试图翻译或解码符号系统的外在条件。[20]

威廉·詹姆斯提出现代的"体验认知"

由于对行为主义"黑匣子"态度的不满，认知革命应运而生。在斯金纳之前，行为主义者断言，认知过程是"内隐行为"，因此很难得以观察。斯金纳反对内隐事件与外显事件之间刻板严格的区分，但仍将重点放在投入与产出，而非认知过程上。计算机科学和人工智能诞生后，尤其是图灵在《计算机器与智能》中提出了图灵测试①后，一些心理学家发现了可以推断认知理论的模型。假设仅考虑输入与输出，计算机的"思维"与人类的难以区分，那么为什么不能假定人类认知的过程与计

---

① 图灵测试指在测试者与被测试者（一个人和一台机器）隔开的情况下，通过一些装置（如键盘）向被测试者随意提问。进行多次测试后，如果机器让平均每个参与者做出超过 30% 的误判，那么这台机器就通过了测试，并被认为具有人类智能。

第❷章 人体机器

算机的认知过程极为相似呢?简而言之,为什么不能说计算机和人类一样可以思考呢?

对"为什么不能……?"这个问题的回答出现在 1980 年。当时,约翰·塞尔通过"中文实验室"的思想实验,有力证明了在操纵符号方面,尽管计算机和人类可能产生相同的输出,但这种操纵既不需要理解,也不代表理解。没有理解就意味着没有思想,也即,由于计算机无法理解,所以计算机不会思考。

计算机并非思想,思想也不是计算机;计算不是认知,认知也不是计算。不过,塞尔并没有解决符号获得意义的机制。对这个问题的回答非常重要,因为意义是**理解**的基石。

由此,我们陷入了现代心理学的讽刺之一。笛卡儿于 17 世纪阐述的身心二元论,在此后很长一段时间内都颇具影响力。自 19 世纪初,让-马丁·沙可(Jean-Martin Charcot)、约瑟夫·布洛伊尔(Josef Breuer)、西格蒙德·弗洛伊德(Sigmund Freud)等人基于对身体症状的观察,结合其他方法,创立了有关心理过程的不同理论。这引入了所谓的深度心理学的内容。到了 20 世纪,行为主义挑战了深度心理学的推论,断言由于"内隐行为"无法被直接观察,心智过程只能通过研究输入(刺激)与输出(反应)得以了解。通过将机器计算与人类认知的过程进行基本等化,图灵测试强化了身心二元论。

不过,1884 年,美国哲学家、心理学家威廉·詹姆斯(William James)发表了经典论文《情感是什么?》("What Is an

Emotion?"），对笛卡儿的二元论及其后继学术观点提出了强有力的挑战。此外，这篇论文催生了一种认知观念，并在之后占据了实质主导地位。他挑战的是我们常识性的观念，即外部事件会产生感觉（心智状态），继而引发身体上的反应："我们失去了一笔财产，所以会难过，会哭泣；我们遇见了一头熊，所以会害怕，会逃走；我们受到了竞争对手的侮辱，所以会生气，会反击"。但他提出"我们难过是因为我们哭泣，我们生气是因为我们反击，我们害怕是因为我们颤抖，而不是由于面对不同情况，我们因为难过、生气或害怕而哭泣、反击或颤抖"。按照詹姆斯的观点，"身体表现"——哭泣、逃走、反击——都是对外部事件的直接反应，情感——难过、害怕、生气——则是由身体反应引发的，不是反应出现的原因。催生情感的是身体，而不是独立于身体的思想。[21]

虽然在20世纪，笛卡儿二元论仍在行为主义中占据主导地位，但詹姆斯已经清楚阐明了所谓的体验认知，即认知的很多特征会受到整个有机体——身体——的影响和塑造。1984年，出生在波兰的美国社会心理学家罗伯特·扎荣茨和社会文化学家黑泽尔·罗斯·马库斯共同开辟了文化心理学的新领域，受威廉·詹姆斯启迪，继续挑战"情感引发身体反应"这一传统公认理念。[22]同样，哈纳德也表明，符号不过是直接投射到感官中的：如果捧着一杯茶，那么我们通过茶感受到的温暖将在负责探测热量的热感受器中有所"体现"。实际上，在解决符号困境问题上，扎荣茨、马库斯和哈纳德都应用了詹姆斯对体验认知的观点，并认为我们是通过生理上的关联来表达情感与感知的。由此可见，我们感到快乐时，不会**思考**我们是快乐的，而会使颧肌变得活跃——我们微笑了，**这一点才是**情感的体现，而不是思想。[23] 或许，詹姆斯会说，我们微笑不是因为认为自己很快乐，而是因为微笑，所以我们认为自己很快乐。

概念隐喻理论

微笑是体验认知的一个例证，是我们称为快乐的心智状态和认知概念的表现。然而，在体验认知的本质和局限方面，仍然存在着更为严峻的挑战。对于民主、正义、关爱和时间这类抽象概念，并不存在直接的生理关联，那又该如何表现它们呢？这样的抽象观念如何获得意义？

我们将注意力转向极具影响力的概念隐喻理论（CMT）。该理论由美国认知语言学家和哲学家乔治·莱考夫和美国哲学家马克·约翰逊在其 1980 年出版的《我们赖以生存的隐喻》[24]中提出。概念隐喻理论认为，抽象概念之所以可以通过具体的体验表达，是因为我们对其有共同体验。以时间这个抽象概念为例，我们体验时间时，通常也会体验空间。在空间中穿行需要时间。对时间和空间的共同体验，通过无数关于时间和空间的隐喻得以表达。比如，我们可能会说，把会议"往前调"，或者说离某次无聊的会议结束还"远得很"。

作为社会性温度调节的研究者，我们对概念隐喻理论在另一组具体体验/抽象观念上的应用有极大的兴趣。莱考夫和约翰逊探讨了（身体）温暖与情感或关爱之间的关系。他们认为，我们通过身体温暖的体验学习到情感。被亲热地拥抱时，通过对情感和身体温暖的共同体验，我们获得了（在隐喻的情感意义上的）对"情感"和"温暖"这两个象征性概念的理解。正如莱考夫和约翰逊所言，这个例子清晰地表明了体验认知（这一象征性概念）可以通过身体体验得以理解。

莱考夫和约翰逊提出，此处所说的认知隐喻仅是单向的。也就是说，体验到情感的人通常会一同体验到身体的温暖，因此身体的温暖成了一种情感的隐喻，并对情感建立了身体层面的合理理解。然而，如果你恰好感到温暖（例如站在阳光下）或寒冷（例如站在冰天雪地里），并不意味着你一定可以体验到或一定体验不到情感。通过这种单向的逻辑，如果你调高房间里的温度，就会觉得一切更为亲切，但如果只是恰好激活了亲切感，则不一定会感受到更多的温暖。

我很难将莱考夫和约翰逊的方法与我所知的社会性温度调节结合在一起。正如我们在第1章中看到的，至少有些关于冷饮、热饮以及冷热食品的研究并不支持这种单向的观点。我们不妨回想一下多伦多大学进行的实验，在网络掷球游戏中感到被忽略的人们——没有得到传球的人——会因此觉得受到了排

第 ❷ 章 人体机器

斥,比起在游戏中经常接到球而感到被接纳的人们,他们更倾向于选择温热的食品和热饮。对于温度适中的控制组食物和饮品(比如苹果或可乐)来说,无论是感到被排斥还是被接纳的受试者,都没有表现出明显的偏好差异。情感的反面——排斥——引起了对身体温暖的偏好。这个结果对概念隐喻理论来说可不是个好消息。如果概念隐喻在此发挥了作用,我们期望得到的结果是,感到被排斥或孤独不会影响我们对温度的感受。但事实是我们会受影响,这也驱使我们更加偏好温暖。

或许你还记得,我在第 1 章中提到过,自己两项研究的结果与多伦多大学研究人员的发现一致。如果人们觉得自己和别人不一样,就会得出温度较低的判断;如果觉得自己和周围的人相似,就会觉得温度相对较高。如果他们**识别**到"温暖"——忠诚、友好、乐于助人——的人,就会觉得环境温度更为温暖。这不是来自笛卡儿头脑中"领航员"的隐喻,而是更具有动态性的社会性温度调节。

莱考夫和约翰逊对隐喻本质的认识是正确的。它们确实会单向发挥作用。苏格兰诗人罗伯特·伯恩斯曾吟诵:"呵,我的爱人像朵红红的玫瑰。"在这一句中,他使用了暗喻,也就是红玫瑰激发了他对"美丽的人"的那种激情。[25] 但如果把这个比喻反过来,就完全理解不通了。"呵,朵朵的红玫瑰,像我的爱人"表达的是伯恩斯对玫瑰怀有的激情,比对自己女朋友的有过之而无不及。除非伯恩斯本身真的是个古怪的人,否则这句诗只能是单向的。因为诗句要描述的是诗人对爱人的激情，而非对玫瑰的。网络掷球游戏和多伦多大学的实验，以及前文提到的我自己进行的实验，都揭示出体温与情感/社会性"温度"的联系是双向的。这种双向性意味着，关联的基础不能具有隐喻性。

出于对隐喻的依赖，莱考夫和约翰逊建立了概念隐喻理论的另一个中心原则，即所描述的概念并不是与生俱来的。这与社会性温度调节需求是**天生固有的**这一事实相互矛盾。如果所表述的概念不是天生的，隐喻——莱考夫和约翰逊所谓的"主要隐喻"——**肯定**不足以满足先天属性的目的。也就是说，概念隐喻理论中的隐喻**必须**是普适的。不过，我们知道这种隐喻显然并不具有普适性，因为隐喻的语言千差万别，这一点我们将在第5章探讨。如果概念隐喻理论最终迫使我们接受身心二元论，且不足以解释社会性温度调节，那么，我们就需要开始一场知识革命，从人们参与社会关系的角度，找一个更优理论作为切入点。我们正朝着这个方向前进，但在触及人类社会之前，我们要先从名叫"哈里"的企鹅入手。

第 ❸ 章
企鹅哈里
——动物对气温的应对

假设有一只帝企鹅，大约10岁，雄性。我们暂且叫它"哈里"。现在是7月，正值南极洲冬天，也是哈里腹中空空的第4个月。雄性帝企鹅与雌性帝企鹅交配时通常很快，之后就会经历断粮的日子，长达115天。交配后，雌性帝企鹅会产蛋，之后摇摇摆摆回到大海寻找食物，数月后才会回来，独独留下企鹅爸爸居家照顾企鹅蛋。

就这样，等待开始了。哈里将蛋放在自己的双脚上，用孵卵斑——那是一层没有毛的皮肤，很厚，像短裙一样——盖住它。要想顺利孵化，企鹅蛋就要安放在96.8℉（36℃）的舒适温度中——要在南极洲做到这一点绝非易事，因为那里的风速可达 110 英里（约 160.9 千米）/ 时，气温可低至 –49℉（–45℃）。如果哈里想让自己的宝宝熬过去——如果他自己也还想活下去——就必须和其他帝企鹅抱团取暖。

很多照片和视频都展示了这样的场景：南极洲帝企鹅挤在一起，如参加人员爆满的摇滚演唱会的粉丝。成千上万只帝企鹅紧挨在一起，每只仅占有不到 1 平方英尺（约 0.09 平方米）的面积。这个团队太过庞大，向中心挤的力量相当大，所以很多帝企鹅都被挤到了其他帝企鹅身上。如果这真是一场摇滚音乐会，那它们当时的样子就几乎与"人群冲浪"无异。不过，从节省体力的角度看，所有这些表面上并不舒适的举动确有合理之处。帝企鹅们抱团时，极大减少了每只帝企鹅暴露在外界的身体表面积，从而更容易保有热量。此外，每只帝企鹅都可以为团队的微气候贡献热量。如此，整个帝企鹅团的内部温度可达 99.5℉（37.5℃）。[1]

多年以来，在南极洲亚南的岩石群岛——地质学群岛①——等地，科学家们针对抱团的帝企鹅展开了多项研究。为了更好理解帝企鹅们为何抱团、如何抱团，研究员们选择了一些帝企鹅，将测温装置及传感器贴在它们身上。这些研究表明，帝企鹅们会将 38% 的时间用于抱团，有时一次只是挤在一起几分钟，

---

① Pointe Géologie，南极洲的群岛，位于阿黛利地，处于测地角以北，从西面的埃莱娜岛延伸至东面的迪穆兰群岛，法国探险队在 1840 年 1 月 22 日首次踏足该群岛。

第 ❸ 章　企鹅哈里

有时一次则是连续几小时。[2] 寒风之下，帝企鹅团看似静止不动，但延时摄影告诉我们，由于总有新的帝企鹅往中间挤，与其他帝企鹅交换位置，所以团队并不稳定。

乍看之下，帝企鹅的抱团行为似乎是出于本能。如果谚语中的"小鸡过马路"是为了"到对面去"，那企鹅抱团就是"为了取暖"，这仿佛是无须思考的动作。但进一步的实验将计步器安置在帝企鹅身上，表明抱团的帝企鹅并非停滞不动。帝企鹅抱团不仅是因为饥饿，不只是生存所需，从社交层面上看，这也是为了保有团队凝聚力。

在南极洲罗斯岛（Ross Island）进行的一项研究中，研究员们认为，帝企鹅如果不抱团，就会饿死。这一点显而易见。要想熬过 100 天没有食物的日子，每只帝企鹅要消耗掉 55 磅（约 24.9 千克）脂肪。此外，它还需要 3 磅（约 1.36 千克）脂肪用于长途跋涉——大约 125 英里（约 201 千米）——回到大海捕食鱼类和乌贼等来补充营养。可一只大型帝企鹅，就比如哈里，储存的脂肪组织仅为 33 磅至 44 磅（约 15 千克至 20 千克）。换言之，为了熬过没有食物的漫长时光和之后的远行，帝企鹅至少还需要 14 磅（约 6.35 千克）脂肪。那么，好消息是什么？抱团，以及抱团保存的热量，能让哈里减少 16% 的新陈代谢，由此保有急需的脂肪。[3]

节约体力

企鹅并不是唯一一种利用同类进行温度调节的动物。温度下降时，大鼠、猪、猴子、马、蛇、啄木鸟、浣熊，甚至豪猪——估计谁都不想和它抱团——都会凑在一起。除了获得足够的氧气之外，在动物必须完成的工作中，温度调节是最重要、最消耗能量的。和氧气不同，温度随时根据环境而变化，所以要想生存，我们就需要时刻对其进行关注，以便应对温度波动。幸运的是，动物都是非常精明的经济学家，或许说动物都是"不断优化的代理人"更为恰当。它们会持续评估不同行为成本与收益之间的关系，以期从能量的角度找到最经济的方式，帮助节省宝贵的体内脂肪。

如果你曾观看过公路自行车比赛，可能知道自行车手更喜欢跟其他人一起骑行。车手的队伍很长，也就是我们所说的"主车群"。其原因并不是自行车手会孤单。他们会相互依靠，通过利用其他车手身后更小的空气阻力形成的"牵引"，达到节约体力的目的。对牵引技术纯熟的车手而言，在24英里（约38.6千米）/时的速度下，对体力需求的减少幅度甚至可达39%，特别在主车群中，尤其如此。[4] 这既是鱼成群结伴而游的原因，也是成团的细菌传播速度更快的原因。和抱团一样，牵引也是一种"节约体力"的方式：选择效率最高的形式，达到资源节约的效果。节约体力遵循的原则相当简单：动物需要摄入的能量比消耗的更多。否则，它们就无法生存。

动物经济学家已经研究出一系列应对温度调节和节约体力的惊人机制，达到了跨物种、跨种族、跨门类的程度。动物使用何种特殊工具，在很大程度上取决于它们是何种生物体。如果你是几十年前上的学，可能知道，我们将动物分为温血动物和冷血动物。这种分类可能会让人诧异，曾经妇孺皆知的内容，现在已经过时了。如今，科学家们更喜欢使用其他术语，不得不说，这些术语佶屈聱牙：**外温动物**（ectotherms）、**内温动物**（endotherms）、**变温动物**（poikilotherms）、**恒温动物**（homeotherms）和**异温动物**（heterotherms）。[5] 术语过多这一现象出现的原因在于：冷血和温血的区分不仅过于简单，通常也令人备感困惑。

假设时值八月，一只蜥蜴沐浴在得克萨斯州或亚利桑那州的某片阳光下。从传统意义上看，我们会说蜥蜴由于是爬行动物，所以是冷血动物。但在取暖时，蜥蜴的核心体温可能会上升到那难以忍耐的 100.4°F（38℃），与所谓的"冷"血相去甚远。如此，蜥蜴的新分类——**外温动物**就出现了。外温动物是指体温随环境而变化，但也可能通过有意的体温调节行为优化新陈代谢及其效能的动物。整体上来说，之前被贴上"冷血"标签的动物都是现在的外温动物，昆虫、爬行动物、两栖动物和大多数鱼类都是如此。相较之下，哺乳动物和鸟类，即我们所称的"温血动物"，也就是像体内有火炉一样可以从内部产生热量的动物。现在，科学家们将之归为内温动物。"ecto-"和"endo-"是来自希腊语的词根，分别表示"外"和"内"。"therm"也出自希腊语，最初根据表示热量的单词"thermē"得来。

与此相关，变温动物是指体温随环境而变化的动物（源自希腊语表示"多变"的单词"poikilos"）；恒温动物表示不受天气影响，体温一直保持在较高且稳定的水平的动物（源自希腊语表示"相似"的单词"homoios"）。异温动物则是指体温介于变温动物和恒温动物之间的动物。它们有的时候能保持稳定的体温，但有的时候则会放任体温自由波动。一条重达1,100磅（约500千克）的尼罗河巨鳄本质上是外温动物（没有内部中央供暖系统），但巨大的质量则使其也可以是恒温动物，因为无论外界多冷多热，它的体温都可以保持相对稳定。较大的质量可以带来较大的热惯性。正因如此，在大锅里烧热水或冷却水耗费的时间都相对较长。从另一方面看，某些内温动物的体温在同一天可能会经历较大变化，有时可高达104℉（40℃），比如某种正在冬眠的北极松鼠。因此，有些哺乳动物也就成了变温动物。

要想做到真正的准确，你可能会说人类是内温动物、恒温动物，虽然有的时候会是变温动物、异温动物，甚至是外温动物。这样描述准确吗？可能如此。但拗口吗？绝对没错。因此，为了使表达更清晰，大多数情况下我只会使用内温动物和外温动物的分类，在绝对必要时才会使用其他术语。

第❸章　企鹅哈里

懒汉还是投资银行家

乍看之下，与内温动物相比，外温动物似乎没有什么优势。因为外温动物无法独力提升体温，所以要依赖天气，而内温动物则拥有更多自主控制能力，灵活度更高。气温下降时，蛇或青蛙的体温也会随之下降。如果一只小苍蝇落在有阳光的地方，那么短短10秒钟之内，它的体温就可以升高50℉（10℃）。如此，难怪大约一个世纪之前，科学家们会认为外温动物不如内温动物先进，与猴子、狗和人类等"温血动物"相比，进化程度更低。然而，最近的研究表明，温度调节的两种方法各有利弊。

或许你会认为外温动物和内温动物存在两种截然不同的生活方式。二者的区别仿佛如下：某个在佛罗里达州礁岛上生活的懒汉过着闲散的生活，偶尔向游客出售T恤衫；某个在纽约生活的投资银行家，每日忙得不可开交。昆虫和爬行动物就仿佛我们所说的懒汉，它们遵从着外温动物的习性，生活节奏更慢，能量消耗更低。哺乳动物和鸟类则如同投资银行家，作为内温动物，它们生活节奏更快，能量消耗更高，要想严格控制体温，就需要时刻给体内火炉——新陈代谢机制——"加油"，这就意味着要大量进食。大量进食的意思是你要花费大量时间觅得下一餐，而不能优哉游哉。爬行动物和两栖动物等外温动物的体温随环境变化，所以比起同等大小的哺乳动物，需要的食物量更小。一只重 10.5 盎司（约 0.3 千克）的啮齿类动物，与同样重量的蜥蜴相比，每天要多吃掉 17 倍数量的昆虫。对外界温度的依赖也是某些蛇（例如蟒蛇）一整年都不需要进食的原因。天气越冷，哺乳动物为了维持体内火炉运转而需要的食物就越多。举例来说，如果雌老鼠的体温为 86℉（30℃），那么比起体温在 71.6℉（22℃）时，它要多吃大约 38% 的食物。

由于懒汉生活节奏较慢，外温动物通常比内温动物更晚产育后代。如此，外温动物在成熟之前的成长时间更长。此外，由于外温动物可以利用周围环境的热量促进新陈代谢，而非仅仅依靠食物，所以在寻找适宜的环境方面，其比内温动物的灵活度**更高**。为了达到相似的灵活度，生活节奏较快的投资银行家，也就是内温动物，需要对团队进行"投资"。稳健型的内温动物总能扩充自己的"投资组合"。除了依靠自己找到的食物，他还会将自身的独立性投资到社会性温度调节中，依靠同类温暖的身体获得热量。实际上，这种依赖程度越高越好。企鹅哈里就是投资银行家，向群栖的同类进行了大量投资，与它们挤在一起。其他企鹅释放的热量就是哈里获得的红利，它可以以此过活。在抱团的社会契约中，哈里及其同伴们都"花费"了部分独立性，用于购买热量产生的互惠互利效果。

尽管内温动物对能量需求较高，因此限制了其在环境选择方面的灵活性和个体的独立性，但节奏较快的生活方式也有令人另眼相看的一面。温度较高时，化学反应进行较快，相对稳定的体温使酶可以更有效地发挥作用。因此，与两栖动物或爬行动物相比，哺乳动物和鸟类可以维持更高的活动水平。在环境温度较低时，内温动物的优势体现得最为明显。在尤为寒冷的日子里，如果到养乌龟的朋友家观察，你会发现乌龟反应很慢。然而，在仲夏时节，同样的爬行动物竟然可以跑——没错，是**跑**——且速度惊人。温暖的肌肉收缩得更快，这也是家蝇在天气温暖、适宜野餐的日子里尤其令人心烦的原因。

内温动物和外温动物体温策略的共享

尽管内温动物可以通过内部调控调节体温——下一章中会详细介绍具体机制——但实际上，它们首选的温度调节方法与外温动物喜欢的相同：改变行为。它们会晒太阳，会藏在洞穴里，会蜷缩，也会展翅，有些甚至会抱树，还有一些会像企鹅哈里一样抱团。

每天早上 7 点左右，小小的雄性蜥蜴爬了出来，这是一只**高山蜥蜴**（*Liolaemus multiformis*），之前一直藏身洞穴，躲避夜晚的寒冷。迄今为止，在所有蜥蜴中，高山蜥蜴的生活之处海拔最高。它栖身于秘鲁安第斯山脉附近的草原，海拔超过 11,400 英尺（约 3,474.7 米），令人眩晕。在严酷的环境中，夜晚的温度可能降至冰点以下。为了开启新的一天，高山蜥蜴首先要温暖身体，克服寒冷带来的迟钝感。环顾四周，它发现了一片阳光可以照射到的、与冰冻的地面隔绝的苔藓地。于是，它便过去晒太阳。醒来仅仅不到两个小时，也就是9点的时候，蜥蜴的体温就已经升高到95℉（35℃），它完全可以寻找食物，迅速消化。高山蜥蜴准备好了！如果仍是晴空万里，蜥蜴全天都能保持较高的体温，基本不会有能量消耗（甚至完全没有）。

很多动物都会利用阳光调节体温。蜥蜴、青蛙和蝴蝶等外温动物以及海豹、企鹅和狐猴等内温动物，都会利用阳光。在落基山脉南部的自然栖息地中，刚刚经历过变态发育的西部蟾蜍爬上植物的顶端，享受太阳光。被关在实验室中，面对缺乏阳光的环境时，小小的两栖动物会更喜欢待在白炽灯下面。无论如何，它们会将自己的体温升高至较为合适的80℉（26.7℃），促进生长。有趣的是，如果腹中空空，蟾蜍就会让体温下降到59℉至68℉（15℃至20℃），这种状态更容易维持生命——成本更低。蟾蜍拥有基本的行为成本机制。如果食物充足，蟾蜍会升高体温，使身体中的酶更有效地发挥作用。如果食物短缺，它们就会进入节能模式。[6]

父母可能会责备你四体不勤，但没精打采地待着——以及变换其他姿势——其实这是动物调节体温的另一种物美价廉的方式。我们曾经观察到，猴子、狐猴、啮齿类动物和海豹都会弯腰驼背，减小表面积与体积比，从而减缓面对寒冷外界时的热量散失。如果环境过热，它们会采取不同的策略。有些研究人员称，仅仅通过与太阳入射光平行而立，或朝同一个方向卧

第 ❸ 章　企鹅哈里

下，身处自身形成的阴影中，跳羚这种中型非洲羚羊便可将其身体表面的太阳辐射减少62%。所以，如果某天被困沙漠，你或许可以考虑采用跳羚的方法，提高生存的概率。当然，更好的方法是躲在没有阳光的地方。对小型动物来说，体温调节成本很高，且不易实现，所以在炎热的天气里，它们通常会躲在洞穴中，只在夜晚行动。

对于不喜欢洞穴但又急需散热的动物们来说，抱树也是一种选择。澳大利亚的研究人员发现，考拉有一种特别的行为。在炎热的天气里，它们会花大量时间待在**黑荆**上，但这种树并非考拉们的食物来源。考拉会抱住树干，将毛茸茸的腹部紧贴在树皮上。后来，科学家们测量了黑荆的温度，才明白这种行为确实有合理之处——树干的温度比周围空气的温度平均低41℉（约23℃），[7]这便吸引了考拉来此"冷敷"。

如果没有"冷敷"的树木或遮阴的洞穴，那么动物就会采用蒸发冷却的方式——出汗、喘气或舔舐——散热。无论是通过汗液还是唾液的方式，每蒸发1升水都需要消耗500大卡的热量。猫喜欢通过舔毛降低体温，老鼠也是。为了达到同样的目的，秃鹰会朝自己的腿爪撒尿。狗不像猫那样喜欢舔毛，而且就算撒尿的时候弄到腿上，估计也不可能是为了调节温度。其实，狗是另一种蒸发冷却技术——喘气——的大师。它们会将呼吸的频率提高10倍以上，水分因而会通过鼻子、气管、支气管、口部和舌头散失。

要是模仿狗喘气的方式，你很快就会发现这其实非常困难。因为人类并不能做到真正意义上的"喘气"——我们会因为换气过度而昏倒。会喘气的动物——比如狗、绵羊、奶牛、鸟类等内温动物，甚至如蜥蜴等外温动物——主要会通过上呼吸道增加通气量，不会在肺部进行太多空气交换。此外，它们的呼吸系统会通过共振频率振荡，减少肌肉的压力。

通常来说，小型动物比较擅长喘气，大型动物更多会采用出汗的方式。大型犬可能是一种例外，比如大丹犬和爱尔兰猎狼犬。尽管比吉娃娃体形大得多，但它们也会采用喘气的方式。此外，虽然出汗量不大，但狗也会出汗，而且几乎是通过鼻子和爪子进行的。由于潮湿的羽毛会阻碍飞行，所以鸟类不会出汗，这大抵也算一种优点。

内温动物不是唯一一种可以出汗或喘气的动物。在极度炎热的夜晚，你躺在床上大汗淋漓之时，蝉则在窗外欢唱。要知道，这些小小的外温动物也可能会出汗。在这样的晚上，甚至青蛙也可能出汗。尽管蝉和青蛙没有哺乳动物的汗腺，但有些动物确实能通过皮肤分泌出水状黏液。

当然，青蛙之所以能保持凉爽是因为完全赤裸。可能有些人会觉得毛茸茸的青蛙也很可爱，但这种生物至今没有在地球上进化出来，其理由也相当充分。外温动物缺乏体内"火炉"等内部温度调节系统，因此，青蛙、蜥蜴和蛇必须使热量在身体与环境之间高效传递。皮毛会减缓热量的传递，因此没有皮

第 ❸ 章　企鹅哈里

毛对外温动物反而有利。设想一下，如果房间配有中央供暖系统，那么隔热效果就会更好，燃料成本也会更低，哺乳动物和鸟类就是如此，通过隔热效果较好的身体，降低热量消耗成本。

皮毛并非唯一有效的隔热材料。脂肪也相当有利，它不像肌肉或皮肤那样易于传递热量。由于脂肪具有隔热性，所以骆驼的驼峰可以发挥巨大作用。如果这些动物像人类一样，全身只在皮下有一层脂肪，那么就无法有效降低体温。驼峰是一种折中的方式。驼峰中储存有脂肪，以供食物短缺之需——沙漠动物多用此法。骆驼身上的毛也颇有效用。从常识判断，我们可能认为裸露的皮肤对居住在沙漠中的动物来说更为有益，但某些类型的皮毛能提供辐射热防护。这或许就是我们人类基本全身无毛但头上仍生长着头发的原因。正如帽子一样，头发可以遮挡暴露在阳光下的皮肤。

太阳落山后，我们可能会散开头发，以免冷风侵袭。就像鸟儿在寒冷的室外会展开羽毛一样。除了人类，其他哺乳动物也都可以从毛发（用于表示哺乳动物的毛发、羽毛或毛绒的动物学术语）直立中获益，因为毛发会通过其底下的特殊肌肉得以激活，继而直立。通过这种方式，留在毛发中的空气量就会增加，因此隔热性能也就会更好。由于人类身上的毛发很少，人类体毛直立的主要表现就是赤裸皮肤上的"鸡皮疙瘩"。

尽管在调节体温方面，抖松皮毛或羽毛、喘气和抱树都是行之有效的方法，但内温动物还有另一套工具——这是外温动物所没有的——用于保证体温的适宜。它们可以通过自身产生热量。其中一种方式就是发抖，就像你刚从冰冷的海水走出来，到了海风阵阵的沙滩上时，可能会感受到的那样。一个人开始发抖后，某种特别的抗疲劳肌肉会迅速不自觉地收缩，从而产生热量。某些动物的发抖行为可能会持续数周。所有哺乳动物和鸟类在感到寒冷时都会发抖，企鹅和北极狐也不例外。不过，就不要想在寒冷的日子里观察鸟类发抖的样子了——因为从鸟类的解剖结构看，发抖几乎微不可察。

除了发抖，内温动物还可以通过促进新陈代谢提升体温。就如同饱受南极风摧残的企鹅哈里，它在孵蛋时会燃烧自己储存的脂肪，让体温升高并保持稳定。等孵化季结束时，哈里已经失去了很多脂肪，大约是初始体重的40%。［包括哈里在内的某些鸟类，身体中并没有棕色脂肪组织（BAT）。这种组织是人类和啮齿类等哺乳动物所特有的，可以产生大量热量。我们会在第4章中深入探讨棕色脂肪组织。］

冬眠、蛰伏和抱团

自主产生热量成本很高，而且科学研究已经证明，发抖其实也是效率很低的方法。通常，人类只会在迫不得已时才发抖。如果一个人开始发抖，说明其核心温度已经受到了影响。为了保存能量，有些内温动物会采取特殊的策略。其中，最重要的

第 ❸ 章　企鹅哈里

两种就是冬眠和蛰伏。1987 年，在阿拉斯加州费尔班克斯，12 只北极地松鼠被放置在室外的铁笼子中。所有松鼠体内都被植入了微型温度传感器，方便科学家们远程实时监控其生命体征。只见这些动物深挖了洞穴，等待冬天的来临。阿拉斯加州的冬天有两大特点：漫长、冰冷，气温可降至 $-30℉$（$-34℃$）以下。松鼠都进入了冬眠的状态。一切不同寻常之事就此开始。松鼠的核心温度会不断降低——甚至会降到冰点以下，最低可达 $26℉$（$-3.33℃$）。然而，春日到来时，它们就都熬了过去——在这另一个季节里醒来。此外，如果体温保持在略高于冰点的水平，那么与用尽能量相比，它们可以节省 10 倍的能量。[8]

尽管北极地松鼠的冬眠最具代表性，但这是因为其血液中有独特的防冻分子，很多其他哺乳动物会以一种"暂停生命"的状态熬过寒冷的日子，也就是显著降低体温，一动不动，节省热量。如果动物的这种状态持续的时间很短，比如只从夜幕降临到晨光熹微，那么这种行为就是蛰伏。冬眠是蛰伏的延长形式，其体温通常会降至略高于气温的程度。小鼠、蝙蝠、仓鼠和刺猬会冬眠，臭鼬、狐猴，甚至如蜂鸟和以昆虫为食的雨燕等鸟类则会蛰伏。

众所周知，熊会"冬眠"——但熊并不是真正的冬眠。大型动物都不会真正冬眠。熊的体温下降幅度很小，新陈代谢和生理机能也不会减弱很多。这也是为什么很多科学家提到熊的时候会尽量避免使用"冬眠"这个词，只是会说熊在"冬日休眠"。如果熊真的会冬眠，那么隆冬时节进入其洞穴就会非常安全。但从事实判断，最好不要如此。这是真话。

冬眠和蛰伏都是节省热量的好方法。动物会自动进入冬眠状态，主要就是为了节省能量，尤其是在像冬天这样食物短缺的时候。冬眠期可持续数日到数周，在这段时间里，动物不会觅食。因此，在进入冬眠状态前，动物会先储存热量，之后尽力长时间保持低能耗的冬眠状态。与此相反，动物会不自主地进入蛰伏状态，持续的时间通常不足 24 小时。根据物种和外部条件的不同，动物甚至每天都可能蛰伏。伴随着日常蛰伏而来的是持续觅食。蛰伏通常是温度波动和食物供应减少引起的。有些科学家认为，冬眠和蛰伏并非两种根本不同的状态，而是连续统一体上的极端情况。或许，将蛰伏想象成"精简版冬眠"更有助于理解——如此，当想走进有熊蛰伏的洞穴中时，你大概会三思而行吧。

将核心体温保持在严重低于或相对较低于新陈代谢的水平，意味着主要脂肪储备的消耗速度更加缓慢。大鼠觅食困难（比如食物储藏间柜门紧闭）时，体温就会大幅下降，直接进入冬眠状态以度过艰难时刻。这时，大鼠的新陈代谢率可能会下降 75%，甚至更多。由此，珍贵的能量得以保存。为了进一步说明能量节约的效用，我们可以这样说，动物冬眠时，耗尽能量所需时间，比其活跃时要延长 40 倍之多。

蛰伏和冬眠不一定是最有力的节能策略。如果冬眠的时候

第❸章　企鹅哈里

抱团，有些动物能节省更多能量。细数社交能力较强的动物，旱獭[①]排在前列当之无愧。喜马拉雅旱獭是一种毛茸茸的动物，完全可以当作可爱毛绒玩具的模板。它们喜欢一起嬉戏打闹，大声吹哨相互交流，通过鼻尖相触互相打招呼。需要冬眠时，旱獭也会凑到一起。

阿尔卑斯旱獭会同步冬眠，也会同步醒来。有些旱獭会在同类冬眠时暂时醒来，之后就和其他旱獭挤在一起，甚至可能会给其他旱獭梳毛，或用干草覆盖住它们的身体。多亏了阿尔卑斯旱獭这些朋友，生活在北美的黄腹旱獭才可以节省多达44%的能量。[9]研究人员现在认为，共同冬眠可以带来极大的益处，所以旱獭现在已经实现了社交上的同步，在冬眠的时候抱团。按照进化论的理论，同步最初的目的是关怀后代。由于旱獭生活在恶劣的环境中，所以要想熬过冬天，就必须迅速成长，积累脂肪。小旱獭在出生后的第一个夏天，通常无法发育到脂肪足够多的水平，因此在面对冰雪覆盖的世界时仍然非常脆弱。和同类冬眠使得小旱獭可以在体内脂肪含量较低的情况下生存。自此，冬天抱团的习惯就不再限于直系亲属，也包括其他成年旱獭。从进化论意义上看，每只旱獭都可由此获益，所以抱团之风盛行。

社会性温度调节也可能是啮齿类倾向于群居的原因。如果在宠物店里见到西伯利亚仓鼠，那么你可能会看到它们堆叠起

[①] 俗称土拨鼠。——编者注

来的可爱模样。啮齿类动物非常喜欢抱团。很多物种，从家鼠、红背田鼠到鼯鼠，都会表现出这种行为。现在，大量研究都支持这一观点，即啮齿类动物会发展进化出群居行为，恰恰是因为这样可以节省调节体温所需的能量。[10]毕竟，抱团在寒冷的栖息地（例如西伯利亚）更为常见。此外，共享洞穴的情况也会增加。

表1 抱团节省的新陈代谢能量（%）[11]

非洲四纹草鼠（*Rhabdomys pumilio*）	16
堤岸田鼠（*Clethrionomys glareolus*）	8 至 35
帝企鹅（*Aptenodytes forsteri*）	16
白尾羚松鼠（*Ammospermophilus leucurus*）	40
灰山鹑（*Perdix perdix*）	6 至 24
麝鼠（*Ondatra zibethicus*）	11 至 14
禾鼠（*Reithrodontomys megalotis*）	28
绿林戴胜（*Phoeniculus purpureus*）	30
白背鼠鸟（*Colius colius*）	50
西岸田鼠（*Microtus townsendii*）	16
欧洲普通田鼠（*Microtus arvalis*）	36
黑线姬鼠（*Apodemus agrarius*）	12 至 29
根田鼠（*Microtus oeconomus*）	10 至 15
短嘴长尾山雀（*Psaltriparus minimus*）	21
倭狐猴（*Microcebus murinus*）	20 至 40
澳洲弹尾鼠（*Notomys alexis*）	18
裸鼹鼠（*Heterocephalus glaber*）	22
家兔（*Oryctolagus cuniculus*）	32 至 40
大鼠（*Rattus norvegicus*）	34

（续表）

小家鼠（*Mus musculus*）	14 至 22
黄喉姬鼠（*Apodemus flavicollis*）	13 至 44
北美白足鼠（*Peromyscus leucopus noveboracensis*）	27 至 53
南兔唇蝠（*Noctilio albiventris*）	38 至 47
斑鼠鸟（*Colius striatus*）	11 至 31

大量研究表明，抱团可以使动物的新陈代谢降低。例如，有研究人员计算出，对于智利一种名为智利八齿鼠的啮齿类动物而言，抱团可以将基础代谢率减少约40%。此外，冬天过后，虽然动物已不再抱团，但影响依然存在。基础代谢的降低也会使智利八齿鼠减少进食。在大鼠身上进行的实验也得出了相同的结论。如果将大鼠放在71℉（21.67℃）的笼子中，比起与另外两只大鼠共同关在一起，它会多吃掉22%的食物。（有趣的是，处于亲密关系中的人类消耗的葡萄糖更少，但这是否与拥抱——类似抱团——有关，尚待解答。）如此前表格所示，根据物种的不同及种群的大小，社会性温度调节可以让动物节省6%至53%的能量。

社会与生存

在物资短缺的时期，社会关系和随之而来的较低的能量需求可以使生存变得较为容易。我们以两只野生巴巴里猕猴托尼

（Tony）和克雷格（Greg）为例。托尼和克雷格生活在摩洛哥的中阿特拉斯山脉，在2008年至2009年的冬季，气温酷寒。那片土地在撒哈拉沙漠的最边缘，积雪深度达35英寸（88.9厘米），气温骤降，道路封闭了数周。在那个特殊的冬天，一组研究人员观察了47只野生巴巴里猕猴的命运，其中就包括托尼和克雷格。他们以动物梳毛及相互抚触的次数为基础，计算了每只猕猴的觅食时间及其社交关系。冬季结束时，有30只猕猴由于无法在深厚的积雪中找到足够的食物而死于饥饿。不过，某种不同寻常的模式引起了研究人员的注意。猕猴之间缔结的关系数量每增加一个，其生存概率就会提高0.48。遗憾的是，不善于社交的托尼和克雷格没能熬过去。[12]

尽管这项研究没有直接计算出抱团对能量需求和生存的影响，但其他研究也已经证实，对社交伙伴较多的猴子而言，它们的体温不会下降到比孤单猴子的体温更低的程度。此外，它们晚上聚集的时候，更倾向于选择和白天密切互动过的朋友们在一起。如果这种互动也包括梳毛，效果就会更好。

一直以来，灵长类动物的梳毛行为不只被视为一种去除寄生虫的手段，也被认为是一种社交行为。即便在没有寄生虫的情况下，猴子也会为彼此梳毛，且效率比清洁自身保持卫生时的更高。新的实验证据表明，梳毛不仅是社交活动，更具体而言，与社会性温度调节和能量节约方面也有关系。长尾黑颚猴是非洲东南部的一个物种，经常被用来研究其与人类社交行为

第❸章 企鹅哈里

的相似之处。威斯康星大学麦迪逊分校的理查德·麦克法兰及其同事研究了南非东开普省7只成年长尾黑颚猴的皮毛（这7只猴子均已自然死亡）。让制皮匠将兽皮晒黑后，研究人员模仿梳毛的动作，对皮上的毛进行了逆向梳理。他们发现，被逆向梳理的皮毛会变得更蓬松，进而可以留置更多空气，从而得到更好的隔离效果。如果梳毛得宜，那么掉毛的情况很可能不会出现，所以竖起毛发让皮层更暖和时，毛发直立的效率也会更高。[13]

社交关系更强大的灵长类动物——更善于梳毛且拥有更多抱团伙伴的动物，可以降低调节体温的能量消耗。由此，它们具备了更低的能量需求和更高的生存概率。英国人类学家罗宾·I. M. 邓巴因"梳毛利于构建关系"的理论为人所熟知，他曾广泛研究过梳毛在灵长类动物社会中的作用。[14] 但实际上，一切甚至比邓巴设想的更为简单。一只毛发整齐的猴子似乎"知道"自己可以依靠其他猴子保暖。这反过来又鼓励动物结成更大的社群生活。由此，社会变得繁荣。

内温？外温？或许取决于伙伴

坦白来讲，裸鼹鼠实在是丑陋的生物。它们的皮肤呈粉红色，无毛，褶皱明显，而且套在身上的皮层于它们而言似乎过于肥大。此外，它们的牙齿很大，向前凸出，带着难看的黄色。这么说吧，它们的身体就像过度肿胀的香肠。

但它们之所以**特别**（就暂且先用这个词吧），并不是因为外表。裸鼹鼠是唯一一种变温哺乳动物。如果环境温度下降，裸鼹鼠的体温也会相应下降；如果环境温度升高，其体温也会随之升高，跟蜥蜴和青蛙一样。裸鼹鼠放弃哺乳动物体温调节方式的可能动因就是节约能量。这种难看的鼹鼠生活在非洲东北部的地下洞穴迷宫中。在地下寻找食物比在地表困难很多——要多消耗4,000倍的能量。因此，为了减少能量消耗，裸鼹鼠就放弃了体内的小火炉——这是降低发热成本的好方法。

不过，故事的转折就出现在此处。单独一只裸鼹鼠或许是"冷血的"变温动物，然而，如果把几只裸鼹鼠放在一起，它们就会突然间变成典型的哺乳动物。一群裸鼹鼠紧紧挤在一起时，个体就不再是变温动物了。这个群体变成了恒温动物群体，其中每只裸鼹鼠的体温都会升高，且保持稳定，类似于狗或猫的平均体温。裸鼹鼠这样抱团时，仿佛合体成了一只"温血"超级鼹鼠。[15]

要想解释这种转变，我们不能从生物学的角度入手，而要以物理学为切入点。被动热损失取决于表面积与体积比。比率越高，热损失就越大。因此，温度下降时，小型动物会受到更大的影响，因为相较而言，它们的表面积与体积比，比大象、犀牛等大型哺乳动物的更高。然而，动物们抱团时，总表面积与体积比会大幅降低，且每个个体暴露在环境中的表面积也会有所减少。啮齿类动物抱团时，暴露在空气中的身体表面积会

第❸章　企鹅哈里

减少29%至39%。对于裸鼹鼠来说，这一点尤为重要，毕竟没有毛发的皮肤隔热性极差。

抱团的超级生物体也可以打造自己的微气候。每个个体都会向周围的环境释放热量，因此团队内部及附近的整体温度就会升高。不得不承认，团队中的位置并非都一样优越。你如果曾经去听过摇滚演唱会，或许就已注意到，人群中心的温度比边缘的更高。动物抱团时也是如此。或许是为了避免歧视，团队中的个体可能会经常交换位置。

社会性温度调节的往复运动，在旱獭身上出现了例外。阿尔卑斯旱獭会进行一种"替代父母行为"的活动，这是对非直系后代（可以是孙辈或者侄子）表示关心的方式。团队越大，那么父母及子女的生存概率就会越高。但旱獭在进行社会性温度调节时，会首先区分开上级和下属：下属旱獭要待在团队的外层，因此，它们英年早逝的概率也会随之提高。[16] 谁能想到旱獭竟是如此混账的动物呢？

在一项实验中，研究人员在大鼠幼崽的背部进行了标记，并使用延时摄影技术观察小啮齿类在团队中的移动状况。研究人员将这种移动称为"幼崽流"。天气较冷时，大体的流动方向是向下的，也就是昏昏欲睡的小幼崽会在团队中形成"对流"。如果巢穴较为温暖，那么幼崽流的整体方向则是向上的。此外，大鼠幼崽的抱团行为再次表现出超级生物体的形态，它们会根据周围环境温度的变化调整团队形状——温度较高时，团队组

067

织较松散；温度较低时，团队组织较紧密。[17]

外温动物的热调节

哺乳动物和鸟类并非唯一会参与社会性温度调节的动物。昆虫等外温动物也会。某些蚂蚁，例如新热带军蚁——身长可达半英寸（1.27厘米）的大型蚂蚁——就会为了养育后代抱团。这就是所谓的蚂蚁"露营"（毕竟它们是"**军**"蚁）。营地内部温度恒定适宜，有利于幼虫和蛹的生长。如外界变冷，营地就会改换形态，为了减少表面积与体积比，保留更多热量，而变得更圆。

与抱团的军蚁相较，蜜蜂会采用颤抖的方式保持蜂巢的温度，所有的工蜂都会收缩飞行肌肉，完全同步。由此而来的结果令人惊讶。即使外界气温低于冰点，蜜蜂也可以使蜂巢的温度稳定保持在较暖和的范围——91℉至96℉（32.77℃至35.55℃）。日本蜜蜂从社会性温度调节中更是获益匪浅。它们的蜂巢有时候会受到日本大黄蜂的侵袭。日本大黄蜂相当可怕，因其"世界上最大的黄蜂"的称号而闻名，身长通常可超过1.8英寸（约4.57厘米）。被日本大黄蜂蜇一下，你可能得马上被送医接受治疗。为了抵御可怕掠食者的侵袭，日本蜜蜂会用自己的体热作为武器。工蜂会围着蜂巢聚集在一起，不停颤抖升高体温。等温度达到114.8℉（46℃）时，就会对日本大黄蜂产生致命影响，但不会对蜜蜂有任何伤害。

蛇或许不会将热量作为武器，但某些蛇确实会通过某种我们人类认为不道德的方式获取热量——至少有教养的女士和先生们会这样认为吧。蛇会盗取热量。举例来说，加拿大束带蛇就会产生类似雌性信息素的物质，伪装成雌性，吸引其他雄性与之交配。接着，100多条蛇便会爬到这条骗子蛇的身上，温暖他的身体，而且分毫不取。新喀里多尼亚的两栖海蛇也会实施热量盗取行为，也就是科学家们所称的"窃温"（Kleptothermy）。它们会潜入大型热带海鸟的巢穴，利用海鸟温热巢穴的热量取暖。蜥蜴、蛇，甚至侏儒凯门鳄等动物，都会通过相似的方式，免费利用白蚁丘的热量。原产于亚马孙的施氏侏儒凯门鳄［体长达7.5英尺（19.05厘米），不完全算是矮小］，会将鳄鱼蛋放在白蚁丘附近或上方，保证其处于温暖之中。

社会性温度调节的热量交换

保持体温适宜对人和动物来说都很重要。体温过高或过低都会带来可怕的后果。就如同金发姑娘从三只小熊那里偷吃东西时，粥的温度必须是"刚刚好"才行。[1]

外温动物和内温动物都有多种方式优化体温——从晒太

---

[1] 情节选自童话故事《金发姑娘和三只熊》。——编者注

阳、喘气到出汗、藏身洞穴都是。哺乳动物和鸟类可以依靠自己的内部加热系统，将核心体温保持在最有利的范围内。然而，对于内温动物而言，这样获取热量的问题在于，有些方式成本很高。有些方式，比如发抖，甚至比其他方式要付出更大代价。为此，考虑到行为经济的原则，动物通常会讨价还价，不断寻找降低成本的机会。

我们由此进入社会性温度调节方面。偷取热量、彼此梳毛或抱团保持舒适等举措表明，动物们已经进化出一系列旨在调节体温的社交行为。正如我们在本章中看到的，动物界有很多值得注意的例子。如果你的亲朋好友在附近，那么他们很可能可以帮你保持温暖，从而降低你自己在生活上的热量成本。你需要的水和食物都会减少。你可能会成长得更快。将他人作为热量来源，也可能救人于生死。由此，至关重要的一点是认识周围的人在社交方面的可信赖度。

正如生活节奏较快的投资银行家，企鹅哈里等内温动物会和同类缔结关系，使环境更为稳定，可预测程度更高。团队凝聚力越高，它的生存概率就越大。

然而，社会性温度调节也存在不对称性。无论采用何种形式，社会性温度调节几乎总是为了取暖，而非让身体变凉。侏儒凯门鳄从白蚁那里盗取的不是寒气，而是热量。企鹅哈里和同伴们抱团是为了保持温暖舒适，裸鼹鼠也是一样。不过，在某些情况下，动物会依靠同类来降温。以骆驼为例，它们可能

第 ❸ 章　企鹅哈里

会全体卧下来，为彼此提供阴凉，减少暴露在太阳辐射下的身体表面积。但这些都是例外情况，而非通常规则。

至于社会性温度调节为何主要是为了保暖，我们找到了一个绝佳的理由。热的致死速度更快。流向大脑的血液减少，组织因而受损。如果温度过高，那么其他成员很可能无法迅速采取措施，拯救他人。可在寒冷情况下，情况就有所不同了。和过热不同，寒冷的致死速度不会那么快。温度下降时，动物至少有一定时间准备，寻求他人帮助。

在应对降温和升温方面，动物采用的方式在人体中也有体现。从大脑的下丘脑的组织方式（实际上就是协调人体恒温系统的组织）到皮肤中温度感受器的分布，我们每个人——不论是从身体角度看，还是从心理学的必要性角度看——都与生俱来地将其他人看作潜在的温暖源泉。这就是我们将在第 4 章探讨的内容。

第 4 章
人类似企鹅
—— 内部体温调节的作用

谁不喜欢企鹅呢？毕竟，企鹅总会让我们联想到自己。或许，在对人类生活的夸张表达方面，除了查理·卓别林（Charlie Chaplin），再没有其他生物能呈现出比帝企鹅更生动的形象了。企鹅和人类有很多共同之处，但其中一些我们并没有在第 3 章提及，包含强奸、娈童、自恋和自杀等行为。1910 年至 1913 年，英国南极探险家和博物学家乔治·默里·列维克（George Murray Levick）作为成员参与了斯科特南极探险队的工作。1911 年至 1912 年的（南半球）夏天，他在维多利亚地（东南极）最东北的半岛阿代尔角（Cape Adare）度过，恰好得以观察世界上最大的阿德利企鹅栖息地。随后，他出版了《南极企鹅》（*Antarctic Penguins*），但书中有 4 页关于阿德利企鹅性行为的内容被认为过于不雅，所以这段内容在接下来一个世纪中都被束之高阁。列维克本人也认为这些注记过于惊人，因此记录时使用了古希腊语，以免资料落入无知之人手中。

直到 2012 年，剑桥大学的科学期刊《极地记录》才发表了这些观察结果。借用文章摘要所言，注记内容大量评论了"年轻雌雄企鹅貌似异常的行为，包括恋尸癖、胁迫性行为，（以及）对小企鹅的性行为和身体虐待行为"。[1] 列维克没有提到自杀行为，但他人已经注意到这一点，德国导演维尔纳·赫尔佐格（Werner Herzog）在其南极人与大地的纪录片《世界尽头的奇遇》（*Encounters at the End of the World*）中，就展示了这样的镜头：有企鹅离群而去，向南极内陆出发，走向死亡。[2]

由摩根·弗里曼（Morgan Freeman）讲述，吕克·雅克（Luc Jacquet）执导的《帝企鹅日记》（*March of the Penguins*）于 2005 年在全球电影院大放异彩。在纪录片中，镜头跟随企鹅，在 −70℉（−56.7℃）的温度中行进 70 英里（112.65 千米），最终到达抱团、保护企鹅蛋的繁殖场地。正如 2005 年 9 月 13 日《纽约时报》新闻报道中所称，很多保守的基督教团体都称赞这部电影，说这是对生活的美好与神圣的歌颂，是上帝创造万物（而非自然选择）的证据，也是一夫一妻制的胜利。[3] 若是他们研读过列维克 2012 年发表的观察结果，哪怕只是用谷歌搜索一下"列维克企鹅"，或许就不会如此认为了。不论秉持何种宗

第 ❹ 章 人类似企鹅

教信仰,看到网上的内容,人们都会指责企鹅"堕落""无赖",没错,它们简直就是"混账东西"。

笑过之后,我们不妨进一步深入探究。一言以蔽之,列维克和赫尔佐格所记录的行为之所以令人不安,是因为那些行为是"反社会"的。更有甚者,这种反社会行为还是最有社交力(如人一样有社交力)的动物表现出的。列维克关于企鹅性行为的注记,不仅揭示了人们对企鹅的虚伪态度,也揭示了人们对爱德华时代的道德所秉持的虚伪态度。不过,赫尔佐格的镜头下,孤独的企鹅自愿蹒跚着走向灭亡的形象的确触动人心。归根结底,自杀是对社会行为的最终放弃,企鹅的自我毁灭是对社会最彻底的抛弃,完全舍去了第 3 章中我们所说的事关生死的温暖源泉。企鹅抱团是一种社交行为,是社会性温度调节行为,生动地体现了行为经济——利用企鹅的"社会性"确保能量来源的充足,延续生命。看着动物,尤其是看着会让我们联想到自己的动物一步步远去,确实令人极为不安,心痛异常,甚至难免悲从中来。

与陌生人一起发抖

企鹅不仅仅是从"喜感"的角度看起来与人类有相似之处——或者该说是我们与它们相像,在调节体温时,企鹅与人类会运用同样的基本机制和策略。这是我们作为有机体优化身体表现，并最终得以生存的必不可少的活动。正如南极的企鹅一样，感到寒冷时，人类表皮下的血管也会收缩，会通过白色脂肪和棕色脂肪储存能量。此外，我们也会和抱团的企鹅一样，在进化过程中，依赖他人获得温暖。在科技尚未出现的人类社会，这种依赖和企鹅的抱团行为有异曲同工之妙。如今，集中供暖降低了我们集体取暖的需求，但你应该无法亲手构建家里的中央供暖系统，如果情况紧急，你可能会抓起电话，向水暖专家求援。无论是对企鹅，还是对人类而言，进行温度调节的需求是社交行为背后的驱动力。

发抖是一种产热机制，即热量发生的机制。博物学家认为发抖是一种"兼性"发热方式，也就是说，这不是动物产生热量的唯一方式。如此，发抖是内温脊椎动物唯一普遍具有的兼性发热机制——既具有内部产生热量的能力，也依赖于这种能力（这与外温动物不同，因为外温动物依靠外部环境调节体温）。骨骼肌是人体的一大组成部分，也是新陈代谢的重要器官，由此，肌肉的主动收缩需要大量能量，因而会释放大量热量。寒冷的条件会导致肌肉不自主收缩，我们称之为"发抖"。由于肌肉组织的代谢范围大，所以热量消耗，以及从静止状态到活跃状态生成的热量，也比大多数其他组织高。芬兰动物生理学家埃萨·霍赫托拉得出的结论是，进化"选择了"发抖作为鸟类及哺乳动物等内温脊椎动物主要的产热机制。[4]

然而，某些异温动物身上确实也会出现发抖现象。有些动

第❹章 人类似企鹅

物会在内温（所谓的温血）和外温（所谓的冷血）温度调节之间变化，因此被称为异温动物。蟒蛇（孵化时）、飞蛾、蜜蜂（为飞行热身时）和金枪鱼都是异温动物，因此都会使用类似发抖的肌肉产热机制提升体温或抵御热量散失，由此保有部分内温性质。

从进化论的角度看，系统发育方面的证据表明，哺乳动物和鸟类都是由爬行动物祖先进化而来的。对于爬行动物祖先，我们要引入另外一个温度调节术语：**巨温性**。巨温性描述的是大型变温动物的温度调节。与小型变温动物相比，大型变温动物的体积使之可以保持相对较高的体温；而与身形相似的小型动物相比，大型动物靠近表皮的身体部分比例较小——因此靠近外部环境温度的比例也较小。所以，它们能比小型动物更充分地与外界变幻莫测的热量条件相隔绝。基于这一现象，很多进化科学家认为，作为外温动物的现代鸟类，其祖先兽脚亚目恐龙是异温动物，巨大的体积使之内温很高。然而——这一点很重要——鸟类和哺乳动物的爬行动物祖先**并不相同**，尚没有证据表明鸟类和哺乳动物有共同的外温动物、异温动物或内温动物祖先。这表明，发抖的产热作用是在两个动物种群中独立进化而来的。[5]这一结论意义重大，因为这正是鸟类和哺乳动物——或者说是企鹅与人类——发抖方式不同的关键所在。

鸟类和哺乳动物一样，发抖的幅度最开始很小，只会运用到小型运动单元。如果发抖的是鸟类，大型运动单元会随着过

077

程的延续派上用场，使发抖加剧。如果发抖的是哺乳动物，最初对小型运动单元的运用会产生所谓的"体温调节肌张力"，继而**分组**释放运动单元。仅从外部观察，鸟类的发抖几乎不可见，因为所有运动都在体内进行。相较之下，包括人类在内的哺乳动物的发抖行为都是肉眼可见的。运动单元分组释放使收缩变得更为强烈，这种"真正的发抖"也是由此引发的。从自然选择的角度看待这种差异，我们可以得出结论：鸟类的发抖机制非常适合会飞行的物种。

如果是真正的发抖，那么其全过程会造成飞行中的颠簸，甚至可以说，这与受控飞行是对立关系。此外，对流——体液中分子运动增加引起的热传递——可以让鸟类减少身体热量损失，使之从较低的发抖震颤强度中获益。实际上，小型鸟类比同等体积的小型哺乳动物更耐寒。然而，哺乳动物也无须担心剧烈发抖产生的后果。毕竟哺乳动物不用飞行，且虽然其发抖的情况清晰可见，但并没有达到会阻碍地上移动、影响平衡的极端程度。诚然，在寒冷的条件下，发抖可能会对肌肉的功能产生负面影响，比如使铲雪变得更困难，或完成其他工作时更吃力，但人类可以相应地使用末端肌肉（远离身体核心，位于肢体末端）工作，使用近端肌肉（靠近身体核心，靠近"中轴"）发抖，进而最大限度地缓解此种现象。鸟类和哺乳动物在发抖的运动控制方面还有一个区别。无论是鸟类还是哺乳动物，发抖的强度都可以通过呼吸循环调节，不过，对于哺乳动物而

第 4 章　人类似企鹅

言,利于发抖的是吸气过程;而对于鸟类来说,利于发抖的则是呼气过程。

发抖在产生热量方面对企鹅和人类有辅助作用,但从能量使用角度看,这种温度调节的手段实在是非常昂贵。我们使用的能量越多,需要的燃料(食物)就越多。需要的食物越多,我们就必须越发积极地寻找食物,当然,这就需要更多能量。由于我们必须立即对环境做出反应,所以这是一种反应循环。**无时无刻不在**适应外界环境会让人疲惫。试想一下,我们每一秒都要集中精力关注环境,并据此调整行为。显然,这并不可行。因此,将发抖视为人体维持这种反应性温度稳态的最终手段是有道理的。也就是说,实验证据表明,启动发抖的温度觉阈值比其他已知的温度调节机制更低,但从能量的角度看,其效率仅为 10% 至 20%。尽管行之有效,但发抖确实所费不菲。哪怕不是生理学家或实验心理学家,你也可以明白这个结论。发抖让人不舒服。自始至终,这都"不正常"——不具有可持续性。实际上,发抖令人疲惫。

发现自己所处之地寒冷到让人发抖,你就会有强烈的冲动,寻求外界温暖之源。由于太冷而发抖,实际上意味着独力进行体温调节已然失败。缺少火源或者迅速生火的手段,或缺少其他的衣服或毯子时,你就会寻求社会性温度调节。正如企鹅,某种形式的抱团可能就是手段之一。或者,更简单地,你会尽快回到室内。

棕色脂肪组织

温度调节的需求具有高度动态性，如温度变化危及生命，有机体便会在这种需求的趋势之下采取各种防御措施。我们已经知道，包括发抖在内的大部分防御措施都是反应性的，需要大量能量。其他方式或许不会如此。企鹅和人类共享的两种其他体温调节方式，就是血管收缩和对棕色脂肪组织的利用。

在所谓的热中性区（TNZ），人类和其他内温动物都可以维持正常体温，不必增加热量产生（无论是通过发抖，还是借助外部热源）。热中性区的概念最初由新陈代谢研究先驱——德国生理学家马克斯·鲁布纳（Max Rubner）于 1902 年提出。1937年，詹姆斯·D. 哈代和尤金·F. 杜波依斯在《人类身体热损失调节》中，首次将这一概念专门应用于人类。[6] 哈代和杜波依斯将热中性区的下限定义为"在不增加产热的情况下保持体温的最大梯度（$T_{skin}—T_{air}$）"。在裸体受试者中，哈代和杜波依斯发现，热中性区较低限的最大梯度为 7.38℉（4.7℃），对应的气温为 83.3℉（28.5℃）。低于此限的话，即使皮肤血管收缩，也难以达到维持体温的要求。[7]

血液通过贴近体表的血管循环流动，作为热交换中介发挥作用，类似于冰箱或空调盘管中的制冷剂。气温降低时，体表血管就会收缩，从而限制血液在皮肤表面的循环，由此减少人体散发到空气中的热量。如果低于热中性区的下限，那么仅靠

第 ❹ 章　人类似企鹅

血管收缩就不能有效减少热量损失，无法保持体温。显而易见，如果身无片缕，那么除非所处气候非常温暖，否则保持体温的能力就极为有限。在大多数地方，你都需要其他辅助，（通常）从添加衣物开始，这样才能将身体周围的微气候控制在更为舒适的范围内。气温越低，所需衣物就越多，不过，即便是在相当寒冷的条件下，你能穿在身上的衣物显然也就那么多。

人类确实有其他资源维持内部体温。我们作为温血的恒温动物，既有能力也有必要，将体温维持在相对较高的水平。这使我们能非常迅速地适应各种各样的环境，在动物界中实属罕见。此外，我们比其他动物更擅长此道，所以活动水平要比其他哺乳动物高出许多。

不过，特殊的能力需要付出一定代价。我们需要大量能量，也因此需要大量燃料。对于人类而言，产热作用，或者说是热量的产生，需要通过碳水化合物或脂肪酸的燃烧推动。事实证明，保持极端环境适应力的另一关键因素就是睡觉。美国作家克莱门特·克拉克·穆尔（Clement Clarke Moore）创作他备受喜爱的《圣诞节前夜》["night before Christmas"，《圣尼古拉来访》(*A Visit from St. Nicholas*)，1823 年] 时，提到那天晚上睡觉前，"妈妈裹上头巾，我戴上帽子，刚定下神来，在冬天睡个长觉"。他的描述并不只是要表达诗意的优美，也是对人类生理学方面事实的说明：温度较低时，我们的睡眠时间会增加。冬日时节，我们睡午觉的时间通常比夏日里更长。较低的气温会产生更大的能量需求，我们需要通过在睡眠中降低新陈代谢，达到节约资源的目的。

经过进化，人类在形态和生理特征上都与很多其他哺乳动物不同。更高的活动水平不仅要求我们获得食物（碳水化合物和脂肪燃料来源），也赋予了我们获得食物的能力。伴随着温度的降低，我们的睡眠时间会有所增加，这有助于保有代谢所用的能量资源。然而，另一项进化而来的适应，也就是棕色脂肪组织储存的发展，让我们不必发抖也能更好发挥产热作用。

几乎所有哺乳动物都有棕色脂肪组织，且在会冬眠的哺乳动物（包括啮齿类动物）身上，棕色脂肪组织似乎尤为丰富。长久以来，人类只在婴儿时期才有棕色脂肪组织储存区。的确，人类新生儿身体中的棕色脂肪组织非常丰富——谁没听说过"婴儿肥"呢？2003年，克里斯蒂安·科哈德和其他研究人员运用正电子发射计算机断层扫描（PET）技术，发现成年人身上也存有棕色脂肪组织。[8] 自此，人们普遍认为，棕色脂肪组织不仅继续存在于成年人身体里，而且在温度调节方面发挥了一定作用，能通过非发抖产热作用产生热量（但具体原理如何尚未可知）。这种作用很可能在我们体毛退化之后，作为适应机制而出现。人类在赤道地带的大草原得以进化，这种适应性有助于我们在寒冷冬夜里安眠。

新陈代谢经济学中没有免费的午餐。的确，棕色脂肪组织被激活时会消耗大量能量，尤其是会消耗大量脂肪酸。一旦被激活，棕色脂肪组织消耗的能量便可以占到人体总消耗能量的15%。此外，棕色脂肪组织因体重不同而异，[9]我认为，这可能也是**个体**新陈代谢和人类社交行为有所差异的重要因素。[10]

我们之后将会继续讲述棕色脂肪组织的产热功能，现在不妨先注意一下这一点：关于棕色脂肪组织活动的冷诱导产热调节机制，我们已经通过啮齿类动物描述得很详细了。也就是说，作为热量生成组织的棕色脂肪组织，因暴露在寒冷中而被激活，且不只在大鼠身上如此，人类亦然（人类竟和老鼠如此相似！）。重要的是，人类脂肪组织不止有棕色脂肪组织一种，白色脂肪组织（WAT），或者说是白色脂肪才是主要部分。白色脂肪组织用于储存能量，可占男性体重的20%，女性体重的25%。位于皮下的白色脂肪组织是隔热材料。然而，与棕色脂肪组织不同，白色脂肪组织并没有产热作用。此外，白色脂肪组织中的毛细血管比棕色脂肪组织中的少。正因棕色脂肪组织中毛细血管密布，其产生的热量才能散布到整个身体。

温度，沉闷的科学

维多利亚时代的历史学家和散文家托马斯·卡莱尔（Thomas Carlyle）常说自己消化不良，以致很多读者都认为他众人皆知的悲观情绪源于长期腹痛。但他将现在仍为人熟知的标签——"沉闷的科学"——赋予经济学时，并不只是受了胃部不适的影响。卡莱尔坦陈，所有经济理论的核心假设都在于：稀缺性。所有经济学家都认同，有限的（"稀缺的"）资源与理论上无限的人类渴望和需求之间存在一条鸿沟。从时间意义上看，经济学的目的是试图——通过某种方式——高效、有效地对这一令人沮丧的鸿沟进行管理。

有机体——企鹅、人类、所有生物——都必须成功解决能量经济学中类似的缺口。毕竟能源是有限的，对能量的需求理论上是无限的。外温动物依赖外部热量来源，因此不必从自身内部产生热量。但能量经济学的沉闷科学表明，外温动物不得不为这种牺牲争取到更大活动范围和更多灵活适应环境的机会。我们刚才已经探讨过，内温动物通过内部方式产生热量，保持体温，这种能力使之拥有更大的活动范围，拥有适应环境多样性的潜力。内温动物沉闷经济学的成本如何呢？花费大量时间和能量寻找燃料（食物），以满足新陈代谢的需求。此外，如果内温动物未能及时保持体温，那么其活动、健康都会受到威胁，甚至到命悬一线的程度。

所有有机体都必须通过某种方式实现可行的经济行为。谁能够成功解决经济问题，谁就可以大量繁衍，得到自然选择的青睐。未能成功的就会灭绝。博物学家早已言明，很多动物在"解经济行为方程式"时，都会考虑内部资源与外部资源的结合。举例来说，企鹅是内温动物，但它们会结合内部新陈代谢产热作用和外部能量来源——主要是抱团——来保持体温。这

第 ❹ 章 人类似企鹅

就是说，它们会进行社会性温度调节。尽管拥有内部产热作用及热量调节系统，企鹅的社会性调节系统并没有发展到与人类比肩的程度——所有动物都没有。人类的生物学进化选择了复杂的内部系统，允许也需要更高的活动水平，作为获得新陈代谢燃料的必要来源。这些活动水平反过来允许并需要社会进化。由此，我们可以说，行为经济是社会性温度调节的驱动力，牵引出了大量人类社交行为。这些行为反过来在文化发展以及我们所谓的社会和文明发展中发挥了重要作用。

行为经济学的概念中存在一个悖论，很多经济学教授都会援引"Homo economicus"——**经济人**——作为标签，表示既理性又自私的虚构人种。他们在计算成本与收益之间的关系时，永远只会以自己这个单独的个体为出发点。其实，从教育架构的角度出发，经济人的概念是有缺陷的。它不仅不足以解释诸多经济领域的事件，也反映出人们的一个致命误区：通过人类的进化方式分析行为经济的成本与收益。大脑和身体的进化以成本-收益分析为基础，但并不是基于我们自己——某个孤立的个体，而是社会称谓上的人。我们所做的决定基于对其他人会在我们需要时及时出现的期望，这就是我的好友兼同事吉姆·科恩所说的"社交基线"。[11]企鹅会根据社交资本预测天气，也就是对其他企鹅会在自己需要抱团时在场的期待。人类同样会进行社会意义上的温度调节。

尼古拉斯·A.克里斯塔基斯和詹姆斯·H.富勒的《大连

接》[1]一书对文化和文明进行了挑衅。在书中，他们创造了智人的变体词，更准确地反映出当代人类的进化状况。他们认为，应该用"Homo dictyous"——"网络人"或"互联人"取代"经济人"。[12] 根据科恩的社交基线理论，人类为自己的能量投资组合增加了社会资本贡献，并从他人身上获得红利。这便是"社会性温度调节"，它依赖于人类高度发达的认知能力。

很多生物都有温度探测器官，作为监控及响应系统的一部分发挥作用，恰当应对温度的变化。人类和其他动物一样，也有感知温度并对温度做出反应的能力。不过，人类的独特性或许体现在这项附加能力的发展程度上——我们不只可以探测并**回应**变化，也可以在可能会影响身体核心温度的环境温度变化出现前及时进行预测。由此，人类就可以在可能的变化发生前主动采取行动，甚至先发制人（尽管有些动物也能通过迁徙预测季节的变化，但人类能做的远不止如此）。这种预测能力会影响人的社会性温度调节，进而作用于社会及文化的本质。人们之所以会织布裁衣、建造房屋、结成社区、发展科技，部分原因就是对温度变化的预期。实际上，正是由于人类预测能力的高度发展，对温度的探测才会涉及人体外的预测系统。文化让我们拥有了发展和使用这种技术的能力：提前探测温度并预测变化。

---

[1] 该书基于量子物理学最新研究成果"量子纠缠"的原理，即人与人之间的连接其实早已存在于精神和意识层面，只是人们以往没有认识到而已。

第❹章 人类似企鹅

通过加热和降温系统控制环境温度的技术水平，与通过大衣、短裤、袜子等衣物进行温度调节的相同。虽然亚热带和极圈之间的所有纬度地带都被称为温带区，但或许"不可思议的变温区"才是更准确的标签。因为在这一广袤的地理范围内，气候、天气和温度的差异很大。生活在名称不当的温带地区的人们，逐渐非常擅长预测气温，并据此选择衣物。科学家们并不满足于我们这种高度发达且单凭直觉的方法，认为某件衣物的隔热效能取决于多种因素，如耐干燥性、耐蒸发性及风和动作造成的压缩。据此，他们将衣物的保温性能进行了详尽整理，并生成了数据库。此外，他们还发明了"克罗"（clo）这个度量单位，以数学方式表示隔热值：

$$1\text{clo} = 0.155 \text{ K} \cdot \text{m}^2 \cdot \text{W}^{-1} \approx 0.88 \text{ R}（R 表示 ft}^2 \cdot {}^\circ\text{F} \cdot \text{hr/Btu}）$$

在实际生活中，如果你穿着短裤，搭配短袖衬衫，则可获得的隔热效果就是 0.36_{cl}（略高于 1/3 克罗）。如穿着长袖保暖上衣和保暖长裤，再穿一层保温套装，那么你就会得到 1.37_{cl} 的隔热效果。为保持舒适感，身穿 1_{cl} 的衣物可以将所需的环境温度降低 17.46°F（9.7°C）。

这是否意味着每天早上离家之前有必要先计算一番？其实不然。已有的丰富的认知，结合经验，再借助天气预报，我们就具备了通过"适当"增减衣物预测并控制个体天气的能力。

技术的存在让人们能够有预测性地将心智功能外包给环境。这种预测环境温度变化进而未雨绸缪的能力，源自与更紧急、更近端的温度调节有关的认知机制。我们很快将详述这种近端机制——其中涉及由下丘脑负责协调的系统。这种系统分散排布于我们的"神经效用库"中，深藏于前脑里。相较而言，预测认知机制位于大脑"高级"功能区域，即前额叶皮层以及其下方的扣带回。[13]与警觉、工作记忆和执行控制相关的机制，就位于这些结构中。通过提前预测温度，大脑中的认知过程就会排除下游体温调节工作的必要性。实际上，下游过程已经外包给其他方式，方便更高效地组织和利用那些用于体温调节的能量。拥有了测温的技术手段，我们便无须依靠近端探测方式，比如通过皮肤感受温度等。从生物能量学角度看，等到身体感应器告诉我们身体不舒服，或者温度过热过冷到引起危险的程度时再采取措施进行必要调整，可能就要付出更高昂的代价了。

如果你喜欢古希腊寓言家伊索（Aesop），或者喜欢17世纪时翻译其作品的法国译者让·德·拉·封丹（Jean de La Fontaine），那么或许你还会记得《蚂蚁与蟋蟀》（"The Ant and the Grasshopper"）这篇。蚂蚁谨慎、勤奋，努力储存食物，以备它"预测"的冬日到来时之需。相反，蟋蟀只知在夏日放歌，却在冬天难以为继。等发现自己快要饿死时，蟋蟀便向蚂蚁乞食，可蚂蚁这个小家伙却无情地说，让它靠蹦蹦跳跳挨过冬天好了。要是你更喜欢现代一些的例子，那么不妨想想两位极具

第 ❹ 章　人类似企鹅

代表性的美国投资者。沃伦·巴菲特（Warren Buffett）埋头苦干，稳健妥帖地进行投资，最终成为全球第四大富翁。至于行为举止和生活方式，巴菲特并不喜欢快节奏，在内布拉斯加州的奥马哈过着低调的生活。据美国全国广播公司财经频道报道，巴菲特在早餐上的花费从未超过 3.17 美元，一直生活在 1958 年花 31,500 美元购买的房子里，开的车也不过就是 2014 年款凯迪拉克 XTS——虽然价值高达 45,000 美元，但绝对不是宾利。可以说，巴菲特胸怀未来，而非醉心当下。他的反面就是乔丹·贝尔福特（Jordan Belfort），也就是 2013 年莱昂纳多·迪卡普里奥（Leonardo DiCaprio）在马丁·斯科塞斯（Martin Scorsese）的电影中饰演的声名狼藉的"华尔街之狼"。20 世纪 90 年代，贝尔福特通过他在斯特拉顿奥克蒙特的经纪公司一夜暴富，财富达到足以让卡利古拉[①]汗颜的程度——可到最后，由于他的生活方式和投资方式都无法维持，只落得一无所有（深陷牢狱）的境地。

沃伦·巴菲特在工作上非常努力（89 岁高龄的他还未停下），但他绝对不会像贝尔福特一样，把精力花在骄奢淫逸、极力规避法律管制等消极方面。作为有预测能力的动物，我们人类会竭力按照预测的未来，满足体温调节的能量需求。这绝非

[①] 罗马帝国第三任皇帝。卡利古拉（Caligula）被认为是罗马帝国早期的典型暴君。他建立恐怖统治，神化王权，行事荒唐。由于他好大喜功，大肆兴建公共建筑、不断举行各式大型欢宴，帝国的财政急剧恶化。

易事，但相对于无法预测天气（无论是实际天气还是社交天气），只能根据热条件的变化做出反应的生物，我们自有优势。从短期看，那些动物对能量的需求可能很高。它们会发抖、收缩血管，或者动用棕色脂肪组织储备的能量。如果上述方法都无法达到目的，它们就会冬眠或蛰伏。有些动物有抱团的能力。如果所有方法都无法将温度维持在适宜范围内，那么等待它们的就只有死亡。

我们不妨暂时搁置这个话题，以免忘记刚才的类比。沃伦·巴菲特有条不紊的投资风格为他带来了令人瞩目的成功。然而，他也明白，即使在预测时经过了细致的分析和深思熟虑的计划，必要时还是要对投资格局的突变快速做出反应。有时，我们需要提醒自己，预测温度变化的能力以及对此做出反应的能力尽管非常重要，但根本无法让我们完全放下通过应激性体温调节进行远端温度探测的需求。我们的身体有热敏神经元，可以探测到的温度既可达有害和危险的程度——高于125.6°F（52℃），又包括舒适的程度——约71.6°F至104°F（22℃至40℃）。

尽管"正常的"核心体温因人而异，但人类口腔温度的正常值始终是98.6°F（37℃）。不过，正常的核心体温在一天24小时（或"昼夜节律"）的周期内会经历0.9°F至1.8°F（0.5℃至1.0℃）的正常波动。通常情况下，核心温度在睡觉时最低，清醒、放松时稍高，运动时会更高一些。显然，口腔温度也会

第 ❹ 章　人类似企鹅

受到社会因素的影响。我们之后会看到，不同的社交网络，以及对亲社交或疏社交的不同感受——想想**网络人**——会对口腔温度有可观影响。

生理学家和实验心理学家通常会发现，将人体视为一个"表覆外壳，内有核心"的物体是个很好的方法。内核温度通常约为 98.6℉（37℃），同时，外壳温度则取决于环境条件（例如环境温度）以及血管舒缩张力——血管在最大扩张状态时的收缩程度。我们外壳的热敏神经元分为冷感受器和热感受器，前者对温度的反应范围为 23℉ 至 109.4℉（−5℃至 43℃），而后者的反应只在温度高于 86℉（30℃）时出现。要注意，冷感受器比热感受器丰富得多，数量约为后者的 10 倍。监控外围（外壳）的温度，通常更着眼于探测较冷的温度，而非较热的温度。也就是说，我们探测热和冷的方式具有明显的不对称性。

由于我们皮肤（外壳）的冷感受器比热感受器多，所以主要负责检测环境温度的降低。在大脑（内核）中，热感受器比冷感受器更多，因此，大脑的构造是为了检测内核温度的升高，而非降低。温度的升高比温度的降低更能带来直接的危险。如检测到温度升高，那么身体就需要快速反应——举例来说，马上反射性地离开强烈的辐射热源，如火炉等。我们必须马上进行降温调节。相较而言，为应对温度下降，上调温度的行为危险性更低，且紧迫程度更低。

091

独立的内恒温器？

控制体温调节的大脑机制是什么？人体通过何种方式做出即时、紧迫、反应性的回应？又如何发挥长期预测功能？要想着手回答这些问题，我们不妨先回到 1878 年。当年，法国先驱生理学家克劳德·伯纳德逝世，其遗作《动植物常见生命现象》得以发表。[14] 他在书中写道，有机体"内部环境的稳定"——**内环境**——"是生命自由和独立的前提"。接着，他解释称"生命体"需要其周围的环境，但"即便如此，也是相对独立的"。之所以达到这种状态，是因为生命体体内组织"离开了直接的外部影响，受到真正的内部环境——尤其是体内液体循环营造的内部环境——的保护"。外部环境的各种变化因内部环境"得以立即补偿，并达到平衡"，因此"高级动物绝非与外部世界隔绝……而是与之有亲密且适宜的关系"，通过"持续且微妙的补偿"打造平衡状态。1932 年，美国生理学家 W. B. 坎农将此内外平衡表现命名为现在人所熟知的"内稳态"。[15]

坎农认为，有机体承担的大部分工作都有助于直接维持内稳态。在温度调节方面，坎农主要关注的是哺乳动物的反射机制，并讨论了热生成及热损失的积极物理手段，例如发抖和血管舒缩变化，以及通过增加甲状腺素及肾上腺素的分泌而产生热量的化学手段。从学术角度看，伯纳德和坎农结合而来的观点令人信服，因此，长久以来，内稳态是驱力减少等心理学理

第 ❹ 章 人类似企鹅

论的默认前提,也被不加选择地用来解释比坎农本人所做研究更为复杂的行为。

1940年,为了确定及研究与维持内稳态有关的大脑结构,美国神经生理学家斯蒂芬·兰森率先尝试了人为电损毁(通过电击破坏神经组织)的方法。通过运用三维手术,研究人员将三根带电探针刺入大脑。兰森将这种技术应用于猫和猴子的大脑,发现如果损毁下丘脑前部的视前区(POA),动物就无法阻止体温升高。然而,在寒冷环境中,动物维持近似正常体温的功能却得以保持。后来,兰森损毁了下丘脑后部,发现猫和猴子无论在温暖的环境还是在寒冷的环境中,都无法调节体温。

兰森根据这些实验结果推断,控制体温下调的是视前区或下丘脑前部,但由于这种器官会将传出神经送入下丘脑后部,所以下丘脑后部受损后,下调或上调温度的能力——控制调节体温的整体能力——就一并消失了。换言之,兰森的结论是,他所谓的"热损失中心"位于下丘脑前部的视前区,"热生成中心"位于下丘脑后部。这种独立结构,即负责下调体温的是一个区域,负责上调体温的是另一个区域,明确说明了下丘脑是人体的恒温器。此外,就温度调节而言,下丘脑是监测和维持内稳态的大脑结构。[16]

兰森的结论非常重要,但很可惜,兰森本人精心收集的全部数据并不足以对下丘脑温度调节功能完美的前后划分做出支持。在对猫的吻侧下丘脑(下丘脑前部)造成对称损伤后,猫就无法在寒冷条件下充分维持体温了。这种结论显然与下丘脑前部是结构性的"热损失中心"的理论相矛盾。否则,只要下丘脑后部完好无损,即使视前区被破坏,猫在寒冷条件下也可以维持体温。

人或许与企鹅类似,但毕竟科学家也是人——有的时候甚至太具有人性。作为西北大学神经病学教授及神经病学研究所所长,兰森是备受尊敬、推崇的研究员,以至于没有人立即质疑其数据与结论之间的矛盾。猫和猴子的实验结束两年后,62岁的兰森突然因冠状动脉血栓离世。直到数年之后,才有更多研究发表确认,如果视前区受到损伤,不只是猫,还有山羊和大鼠,都无法在寒冷的条件下上调体温。

已故的特拉华大学生理心理学家伊芙琳·萨蒂诺夫提出,无论是兰森的研究,还是之后其他关于大鼠、猫和山羊的研究,都未能回答视前区实际上是不是中央恒温器。视前区本身是否会感应相关的温度,并将信息传递给神经系统中其他位置的控制器?兰森本人及其他人的研究只是表明,要想维持正常体温,就必须有完整的视前区。然而,20世纪的几份研究得出了一致结论,即下丘脑视前区的功能与恒温器类似。最有说服力的是1964年伊芙琳·萨蒂诺夫在大鼠身上进行的实验。实验中的大鼠学会了按键打开加热灯。如果大鼠的吻侧下丘脑处于寒冷条件中,那么大鼠按键的频率会比未处于寒冷中时更高。[17]几乎在同时,另一位研究人员H.J.卡莱尔让下丘脑的同一区域处于

第 ❹ 章　人类似企鹅

温暖环境中，得到了相反的效果。大鼠对寒冷条件的反应——按键获得温暖的空气——被压制了。[18] 萨蒂诺夫和卡莱尔的结论强有力地表明，改变视前区的温度可能会影响非反射性行为。下丘脑前部是恒温器的实验证据由此得以增加。

向对社会性温度调节的体验认知进发

独立恒温器的概念很简单，而且 20 世纪 60 年代末之前积累的实验数据似乎也引人注意。除此之外，还有充分证据表明，无论下丘脑是不是**唯一**的身体恒温器，或**唯一**的领航员，该结构对适当的温度调节都是必不可少的。更重要的是，"下丘脑是相对简单的恒温器"这一理论，与普遍接受的观点，即内稳态是体温调节及其他调节过程的最终目标，相一致。而且，假设下丘脑对负反馈的机械性控制，并不需要将复杂的认知归于温度调节过程。正如机电恒温器一样，下丘脑被"设计"为探测参考设置和反馈信号之间的"失谐"，从而启动相应的适当反应。家用暖通恒温器（HVAC thermostat）会因为探测到的温度与设定温度的差异而启动火炉或空调，与此相同，下丘脑会根据需要开启或停止上调或下调体温的反应。

将下丘脑想象为简单的恒温器，使得我们回到笛卡儿身心二元论的世界。或许整个大脑不是船上的领航员——只是控制船只，并非船只的一部分——但大脑中下丘脑这一部分，一定是这样的领航员。客厅墙上的恒温器控制着地下室火炉的运行，但却不是火炉的一部分，所以下丘脑被视为控制着与之"相连"，但并非与之实际连接的器官。

证据接连不断地出现，领航员机制的解释再次变得站不住脚。1970年，伊芙琳·萨蒂诺夫和乔尔·鲁特斯坦在大鼠身上进行了一项实验。大鼠经过训练，知道如何在温度下降时使用加热灯加热。研究人员通过手术损伤了其中一些大鼠的下丘脑视前区。之后，将这些大鼠和控制组的大鼠（经过训练，但未经过手术）暴露在寒冷的条件下。一个小时后，气温下降了11.7°F（6.5℃），控制组的大鼠及损伤组的大鼠都能够在两个小时内按下加热灯的按键，将体温维持在正常范围内［波动为1.36°F（0.75℃）］。萨蒂诺夫和鲁特斯坦由此认为，**视前区外**有足量热敏细胞和神经元，让大鼠得以采取行动。即使视前区损伤导致其即时反应的能力受到影响，但它们仍可想办法缓解寒冷带来的不适感，保持正常体温。经过训练的大鼠的反射系统已受伤而无法发挥作用，其行为是一种**认知**补偿。[19] 萨蒂诺夫及他人在1968年到1971年进行了其他实验，进一步印证了在视前区受损的情况下，**行为性**温度调节仍然存在，不受影响。推论显而易见——行为性及自动/反射体温调节的独立神经网络的确存在。

与完全的反射反应不同，行为性反应并不能支持笛卡儿领航员的理论。这是一种认知反应。20世纪70年代完成的诸多研究表明，很多温度感应神经元存在于下丘脑后部以及其他结构

第 ❹ 章　人类似企鹅

中,包括中脑网状结构及其下方的延髓。视前区严重受损的大鼠会表现出持久的温度调节行为。将之与上述发现结合,我们不禁要问:除了独立的恒温器,温度调节是否还由其他因素控制?

但内稳态呢?简单的"误差"-校正恒温器的思路非常适合解释广为接受的理论:内稳态对维持"正常"体温必不可少,波动范围为 1.8°F 至 3.6°F(1℃至 2℃)。实际上,大多数哺乳动物确实能将体温维持在上述变化范围内。然而,不可否认,如树懒、刺猬、负鼠和马岛猬等"原始"哺乳动物无法对如此细微的变化进行控制。此外,即使是高级动物,在季节性冬眠、食物短缺、怀孕和精神紧张等情况下,其变动幅度也会超过一两摄氏度。进一步研究内稳态和体温的问题,你就会发现,在维持内稳态层面,究竟何种温度变量成了调控目标,人们仍未能形成一致的意见。默认的假设是,深部温度或大脑温度是调控的目标。不过,早期致力于温度调节的生理学家米歇尔·卡巴纳克认为,小型动物被调节的温度变量是皮肤温度,而对于包括人类在内的大型动物来说,被调节的体温变量是深部温度。[20]

正如萨蒂诺夫所称,内稳态并没有面临被推翻的危险,它是生命必不可少的。但是,与内稳态相关的负反馈控制则并非简单、狭隘、近乎二元制的机制,抑或通过类似机电式恒温器便可解释的机制。机电式恒温器只可以识别两种温度状态,即正确的温度(设定的恒温)以及其他温度。相反,萨蒂诺夫提出,内稳态的温度调节实际上非常灵活,外部环境局部的,甚至是微不可察的变化，都足以使其受到影响。如果让阴囊变热，即使环境温度不变，深部温度也会下降超过 3.6°F（2℃）。

以上内容都没有推翻内稳态的概念，只是使之更为灵活。或者更重要的是，这告诉我们，将温度调节归结于单一、简单、完全位于下丘脑的恒温器的结论，并不能得到逐渐积累的实验数据的支持。此外，以上结论与我们将要讲到的进化内容也是互斥的。

温度调节：沃伦·巴菲特的方式

有了这些研究数据，我们可以合理地得出结论，认同伊芙琳·萨蒂诺夫等人的观点，即包括人类在内的哺乳动物，除了拥有体温调节之外，另有其他恒温器。之所以能够得出这个结论，是因为哺乳动物上调或下调体温的方式并非单一的机电式恒温器所能概括。

神经系统不仅包括进入和离开大脑的神经，这并非新近出现的理念。19 世纪 70 年代，英国神经病学家 J. 休林斯·杰克逊提出了（颇有争议的）进化层次，解释神经系统的结构。[21] 他指出，较低等级的神经中枢沿着中枢神经系统的纵轴分布，后进化为更高等级的神经中枢。按照杰克逊的观点，每个中枢都有独立行动的能力，但通常会分工协作，分层集成。萨蒂诺夫发现，视前区因手术受损的大鼠表现出了超过正常范围的高代

第 ❹ 章　人类似企鹅

谢率,因此在室温环境下,也会有异常高的体温,这支持了杰克逊的观点。此外,在寒冷条件下,视前区受损的大鼠发抖水平更低,代谢率也低于正常范围。同时,身处寒冷条件中的这些大鼠,血管收缩情况正常。萨蒂诺夫通过明显的异常情况得出结论,所有单独的集成器(或杰克逊所称的"神经中枢")都是独立的——然而,如果动物的大脑正常、完整,就会受到分级控制。

萨蒂诺夫引用了很多研究,支持杰克逊式的分层系统,也就是中枢神经系统控制体温调节的方式。在某项研究中,猫脊柱中段(T6节)的脊髓因手术被切断。尽管手术切口阻断了神经向大脑的传输,但如果将切口以下部位置于寒冷环境之中,猫还是会发抖,且后肢的血管仍会收缩。如果切除猫的大脑中控制前肢发抖的脑组织,那么整个身体都处于寒冷条件中时,猫仍旧能够凭借脊柱对寒冷的反应而发抖。如果对同一只猫的大脑下方区域进行手术,那么前肢发抖和血管收缩的能力就会恢复。这一结果表明,中脑以及上脑桥中存在某个区域,会抑制大脑下方区域的某些活动。如果手术切断了上方区域与下方区域之间的联系,消除了对上部区域的影响,那么这些区域本身就会引起体温调节。这再次表明,能够独立于高级大脑中枢而行动的"神经中枢"或集成器确实存在。在正常条件下,所有神经元连接完好无损并正常运转,较低等级的中枢并非不独立,而是接受大脑中高级中枢的调控。手术产生的效果与人体

"恒温器"沿中枢神经系统或神经轴分层分布的系统具有一致性，与"下丘脑是恒温器"的理论不符。[22]

体温调节恒温器由沿神经轴分布的分层控制中枢组成，这解释了基本反射功能如何参与并整合不同的行为模式。相较于控制行为的较低中枢，层级越高，复杂性也就越高。1882年，杰克逊如此表达了这种观点："（神经）中枢等级越高，所控制的特定活动就越多、越不同，也越复杂。"由此可知，我们探讨的依旧是反射-反应机制。有了预测元素后，我们得出了社会-天气预报，这是可以真正体现认知的产物。换言之，这就是沃伦·巴菲特风格的温度调节方式——如**网络人**一样的处事方式。这是等级结构中最高的协调机制，确保及时激活恰当的反应以及更复杂的行为，同时抑制不恰当的反应。

通过下丘脑的协调，体温调节输入便成为执行预测认知工作的数据基础。对于杰克逊而言，神经等级不仅具有解剖学意义，同时也确实是进化的产物。下丘脑不仅是神经集成器，也具备整合在等级结构中的更高水平的认知功能。**假设**领航员实际上真的是船只的一部分，那它们就相当于这种领航员。温度调节的驱动力根据社会资本激发预测行为时——如企鹅寻找同类获得温暖，或人类依靠亲朋好友取暖——体验认知就会为适应性行为提供信息。企鹅和人类都是社交资本的投资者，旨在赚得付出能量的红利，由此，人们启动了为满足内部产热机制而生的觅食活动，或对确保抱团伙伴在场进行更直接的投资。

第**4**章 人类似企鹅

从人类的角度看，体温调节的必要性促使很多抽象的社会思维及社会情感出现，促使寻求"温暖"之人陪伴的渴望出现，也促使避免受人冷落、孤身寒处的权衡行为出现。

进化的十字路口

和企鹅一样，我们既是内温动物，也是恒温动物；既**能够**自己生产热量，也**不得不**这样做，而且，我们也有**能力**将体温维持在一定范围内，当然也是**必须**如此。人类和企鹅以及其他动物有很多共同点。沿着进化这棵大树自上向下爬，我们就会发现共生的树枝，之后枝条越来越粗，最终成为共同的枝干。当然，人类和企鹅也有区别。人类和其他动物的很多区别，乍看之下显而易见，但正如我们所见，有些相对难以察觉。至于微小差异对我们研究进化的意义，我们已然知晓，它们非常重要。其实，企鹅和人类都在努力解决同样的问题：保持适宜的体温。

栖身进化的顶端，使人类被赋予了较大的大脑。**你们企鹅确实可爱，还能那样抱团，但难道你们没听说过火炉吗？不知道散热器或者压力热风供暖吗？**如果企鹅并不像人那么聪明，那么外温动物呢？之前被称为"冷血动物"的动物呢？它们可还处于进化更低层的位置，甚至都没有办法自发生产热量！

我们不妨先脚踏实地一些好了。正如第 3 章讲到的，内温动物可能是大自然中拼搏进取的投资银行家，总是竭尽全力创造内部能量财富，但这并不意味着大自然中随和的闲散人士，也就是依靠环境获取热能的外温动物，毫无可取之处。的确，慵懒的生活方式会限制它们的进化程度和个体选择范围，但其所需的能量也更少。从拟人的角度看，多活动总比少活动要好，然而，尽管我们偏袒人类这个物种，但依然不得不承认，从所需能量方面看，活跃的代价很大。很多内温动物的活动都只是单纯为了获得燃料。如果能够暂时放下拟人观点的偏见，我们会发现，内温动物和外温动物代表了解决同一经济问题的两种方法，各有利弊。

行为经济有时需要采取看似极端的措施——这也是从拟人的角度出发的。有些哺乳动物是**专性**冬眠者，无论环境温度或食物供应情况如何，每年都必然会进入冬眠期。还有一些哺乳动物是**兼性**冬眠者，只会在应对寒冷条件或食物短缺情况时进入冬眠。准确而言，外温动物不会冬眠，但当外界变冷或氧气供应减少使新陈代谢被抑制时，它们之中的很多都会休眠。再回想一下它们的情况：进化水平较低，为实现行为经济需要牺牲意识和活动。若要对此诟病，我们不妨考虑人类自己的睡眠需求，人类 1/3 的生命都这样睡过去了——而且每天都要睡觉才能实现"充电"。

如人类一样，恒温的内温动物为了达到所需和必要的活动水平，就必须保证不可或缺的睡眠时间，不然就要采取其他减缓意识活动、降低新陈代谢活动的措施。恒温的内温动物也需

第 ❹ 章 人类似企鹅

要复杂程度更高的体温调节系统。如我们之前所述,这种系统远比热敏神经元与独立下丘脑恒温器之间的一系列反馈循环更为复杂。传统的模型更符合笛卡儿"独立思想和独立身体"的模式。现代生理心理学的整体进展越来越着眼于对人体生理和社会交往的认识,因而要使思想、身体以及其他人得以完全融合,后者尤其关键。

我们现在发现,体温调节的恒温机制可能会在下丘脑整合,但并不简单地意味着由下丘脑控制。相反,下丘脑位于神经结构中神经轴的层次顶端。分布于身体外壳的热敏神经元,与靠近人体核心的神经元不同,它们功能各异,但协调配合。无论是在自主性,还是在认知水平方面,与人类体温调节相关的神经系统都得到了广泛体现。此外,如果我们将**其他人**视为**自身**心理的一部分——站在**互联人**的角度——那么神经系统不仅会完全**体现**在自己的身体中,也会完全**植根**于他人体内。

如人类体温调节所证明的,基础认知源自笛卡儿的领航员模型,后经过长远发展而得出。在第 1 章中,我们介绍了企鹅抱团是受体温调节驱动的社会行为。企鹅抱团是一项大规模活动,并非临时抱佛脚之举。它需要每一只企鹅通过社交方式行动,达到与其他企鹅并肩而立的程度。每只企鹅都可以根据**当前的**社交资本——其他企鹅在场——预测**未来的**体温。其实,企鹅会编制天气报告,也就是社会-天气预报,并根据自然天气以及社会-天气预报预测自身体温。至于早期企鹅如何发展出了

103

这种实现长期体温调节的预测能力，我们不得而知。但我们确实知道的是，进化选择了能准确预测其他企鹅的存在和行动的特征。甚至，只要发现企鹅成群而生，就可以得出这个结论。预测能力差的企鹅抱团的意愿更低，因此顺利成长到成年期并得以繁衍的可能性也就更小。它们的遗传信息会从基因库中消失。

人类的认知能力已经远远超过最聪明的企鹅，从而能够编制更复杂的天气预报，推动社交行为的发展。这种行为包括抱团，也包括更多随着文明演化而来的外包方式——从"发现"并生火，到寻找并建造栖身之所，最后到越发成熟的稳定加热居所的技术。通过进化发展，自然选择更青睐最能适应环境并且得以生存繁衍的生物。

如其他动物一样，人类也会对环境做出反应，并且是不间断、实时的反应。不过，与帝企鹅相比较，我们确实在基础方式方面表现得更出色：我们会预测社交天气。单纯对环境做出反应所费不菲，且具有潜在危险，人类除了会做到这一点，还会预测未来，并提前计划，未雨绸缪。我们拥有认知工具，可以编制自然天气预报和社会-天气预报，因此能够主动应对之后会遇到的不同温度。**生物**进化提供了认知平台，让我们能够进行预测和计划，但**文明**演进扩展了预测的范围，提高了预测的精准度，也提供了技术手段，将热中性区环境之外紧急但长期需要的体温调节需求外包了出去。人类对温度多样的栖息地的

第 ❹ 章　人类似企鹅

独特适应力表明，社会互动并非如乔治·莱考夫和马克·约翰逊等研究员认为的那样，只是概念化的认知表达，而是生物体内遍布的思维产物。我们无须把笛卡儿的领航员投入大海，只要将之视为船只的一部分即可。

第 5 章
鼠妈妈给予的温暖
——温度与依恋

很多人认为，1983 年"经典"研究的标题《自主神经系统活动在不同情感间的区别》已说明了一切。[1] 研究人员保罗·埃克曼、罗伯特·W. 莱文森和华莱士·V. 弗里森请了 12 位专业演员，通过两种方法唤起他们的情绪。第一种方法有关面部表情，研究人员指示作为受试者的演员通过调整肌肉做出一系列面部表情——愤怒、恐惧、悲伤等——并保持 10 秒钟。第二种方法是请演员们回忆——"唤醒"30 秒钟——过去的经历，每种经历都要涉及特定的情绪。为了唤起愤怒，受试者可能会详细回忆曾经所受的屈辱；为了唤起悲伤，受试者可能会回忆亲人过世的情况；诸如此类。除了对每个受试者的面部动作进行录像，研究人员同时还记录了生理数值，包括环境温度（从肢体末端，比如指尖，测量的温度）、心率、前臂张力和皮肤导电率——也被称为"皮肤电反应"，即受到生理刺激时，皮肤瞬间变成良好导电体的情形。

埃克曼和同事们发现，相较于幸福、惊讶和嫌恶，"唤醒"愤怒、恐惧和悲伤等情感时，人们心率提高得更多。此外，与幸福［左手指尖温度降低了 0.126℉（0.07℃），右手指尖温度降低了 0.054℉（0.03℃）］相比，愤怒时的指尖温度更高［左手指尖温度增加了 0.18℉（0.10℃），右手指尖温度增加了 0.144℉（0.08℃）］。他们还发现，针对接受指示做出面部表情的情况，可以根据心率和指尖温度的差异区分负面情绪的三个亚组，也就是愤怒、恐惧和悲伤。受试者听从指示做出愤怒的表情时，环境温度的变化值可达到 +0.27℉（+0.15℃）；做出恐惧的表情时，环境温度的变化值约为 -0.018℉（-0.01℃）；做出悲伤的表情时，环境温度的变化值为 +0.018℉（+0.01℃）。

基于他们的第一手数据，埃克曼和同事们得出结论，生理变化有助于区分四种情绪（包括正面情绪与负面情绪）。埃克曼后来还开展了一些研究，其中有一项于 2013 年进行。史蒂芬诺斯·约安努和同事们给孩子们分发了玩具，说它们是研究员们"最喜欢的"玩具。但孩子们不知道，这些玩具已经经过改装，注定会被弄坏。游戏过程中玩具被玩坏后，研究人员测量到，孩子的外周体温明显下降。之后，研究人员会安慰孩子，这时，

第 ❺ 章 鼠妈妈给予的温暖

他们外周体温会有所上升，表明压力已被释放，甚至已得到过度补偿。[2]

这些关于社会性温度调节的发现值得注意，因为它表明自主控制的面部表情或回忆行为激发的特定情感，与特定的外周体温变化（包括其他自主神经系统反应）相关。总体而言，这些发现支撑了对体验认知的一些基本假设。实际上，很多情感理论学家可能会在结论中找到支持威廉·詹姆斯所得结论的内容，即身体变化会引起情感体验（我们逃跑不是因为感到害怕，我们感到害怕是因为我们逃跑）。然而，正如思维与身体的研究所涉颇广，仅仅监控某种可衡量的自主性变化，比如体温和心率，并不能完全解释牵涉社会性温度调节的多种因素和信息，这无异于通过测量人类视网膜中感光细胞面对闪光灯时的电活动解释人类的视力。视力的问题非常复杂，远非一两次测量可以概括，情感理论中的现实因素也是如此，比埃克曼和同事们测量及分析的更为复杂多样。几乎可以肯定的是，环境温度的升高或降低并不仅仅与情感有关——情感也并非这些变化的唯一结果。毕竟，我们的认知"植根于"社会的范畴，由此，温度变化必然在很大程度上取决于情感产生时的环境。

认知是提供现实世界（尤其是我们所生活的高度社会化的世界）相关信息的一种方式。情感会向我们发出信号，这意味着环境温度的变化也是信号，能够帮助我们预测周围人的行为是会对我们有所助益，还是会造成妨碍，甚至会威胁我们的安宁。此外，环境温度并不仅仅与被抽象分离出来的情感有关。实际上，我和同事们对温度与情感关系的研究进行了总结（也被称为"元分析"），发现尚没有证据能表明二者存在因果关系——至少目前如此。这种情况的出现，最有可能是因为心理学家低估了温度与情绪二者关系的复杂性。纯粹的科学的确有其成效，但与商品化的科学相比，获益没那么可观。医疗诊断市场目前相当有利可图，因此，很多出售给消费者的设备也颇有用处。不过，我自己并不想看到某些受风险资本家资助的公司的主张：通过指尖温度检测、识别并区分情感，甚至于，通过测量外周体温测谎。我并不是借此挖苦资本主义企业，而是认为在提供建议以及为病人提供简单的治疗措施方面，心理学家的研究更胜一筹（至少目前如此）。

我们彼此依恋

埃克曼的研究以 12 位专业演员和 4 位科学家的支持为基础。在研究中，受试者要根据指示收缩特定肌肉。其背后的原理在于，通过对**身体**的控制，情感可以在**思维**中被激活，无须语言或情景的参与。但在理解某种情感时，情景通常十分关键。得知另一半有所欺瞒时，我们感受到的气愤肯定和便利店收银员少找钱时引发的气愤有所不同。换言之，社会情景很重要。

即使埃克曼等人是在证据较少的情况下得出了结论，也并

第❺章 鼠妈妈给予的温暖

不意味着他们的结论没有价值。恰恰相反，仅靠生理变化并不能区分情感的复杂性，但对变化的测量仍提供了重要信息。埃克曼等人的工作启发了我，对我之后在社会性温度调节方面的工作也有指引作用。以下我将详述。

我们理应注意到，情感有助于我们确定自己与他人的关系——让我们能够理解并预测行为。情绪的社会影响力很大，可以引领我们的"依恋"。基于当前心理学的发展考虑，我们可以认为依恋是一种全社会的期望。在目前的知识框架内，通过面部表情进行的情感表达是一种**社交**行为，与社会沟通互联。"情感及其表达应该与外周体温相关"的想法与**社会性**温度调节的理念相一致。埃克曼等人的研究支持了这一结论。情感、其身体表达、该表达的社会影响与社会性温度调节之间的关系相当复杂，凸显了我们的需求：一个在人类社会性温度调节方面更全面的理论。如果不理解其社会维度，机能和情景就无法得以完全定义，我们之后会发现，机能和情景也必须放在社交网络的范畴内进行理解。

但我们并不想和埃克曼及其同事一样，在单一维度上进行学术上的大跨度飞跃。进一步研究社会性温度调节以及社交网络的不同方面之前，我们需要深入研究依恋的历史和现代意义。让我们从大鼠世界中的有趣事实入手。鼠妈妈为了让小老鼠感到温暖舒适，会让自身体温升至较高水平。[3]这种温度尽管足以对鼠妈妈的健康构成潜在威胁，但能为小老鼠带来所需的温暖。

如果没有鼠妈妈，小老鼠就会出现沮丧或绝望的迹象。然而，小老鼠们并不一定需要母亲在场才能够振作。如果营造人工环境，让小老鼠们感到温暖，那么即使母亲持续缺席，小老鼠们的外显行为也至少在某种程度上会有所改善。[4]

鼠妈妈和小老鼠的行为表明了两点。第一点，对于人类观察者而言，鼠妈妈的体温调节行为**似乎**出于一种利他主义。无论是否出于自愿，鼠妈妈都会将体温升高到危及自身健康的程度，以保证小老鼠获得温暖。至少从功能上看，这是令人意外的社会性行为，是社会性温度调节的一种。鼠妈妈消耗大量代谢能量产生危险的高体温，实际上是对后代进行了个人风险巨大的"投资"。为免陷入多愁善感的情绪中，我们还必须注意第二点，也就是小老鼠的行为。比起对产生该种热量的**母亲**的需要，它们需要的是**热**本身。与温暖的妈妈分开之后，小老鼠确实会伤心，但无论通过何种方式（甚至只要打开温暖的灯泡）获得温暖，小老鼠们都能再次活蹦乱跳了。

我们由此可以探讨依恋理论。其主要假设是，如果有照料者，那么未成年的后代——包括人类婴儿和其他物种的幼崽——就会形成"依恋"。也就是说，它们和照料者（通常是母亲）缔结了社会关系，并形成了缔结关系的能力。照料者越积极敏感，也就越能满足相对无助的婴幼儿的需求，婴儿对环境的依恋也就越稳固。在婴儿期，所谓的需要主要是生存层面的：食物、保护其免受天敌或其他伤害来源的伤害，以及温暖。鼠

第❺章 鼠妈妈给予的温暖

妈妈甘担风险（尤其是在提供温暖方面）抚育后代，而体温调节是小老鼠进行依恋的重要驱动力。从某种意义上说，这比依恋本身更为重要，因为人造温暖源也能满足小老鼠对热量的需求。

依恋在生命初期及整个生命过程中都有深远的情感影响，植根于生存所必需的基本需求中。在自然选择中，依恋有助于进化。依恋方式在一定程度上反映了我们生命初期的温暖源是否可靠。小老鼠对负责任的鼠妈妈的依恋很可能会延续到其成年期，并传递给后代。此外，啮齿类动物通常都是高度"社会化"的动物，也就是说，啮齿类动物通常会群居。不仅体温调节在啮齿类动物生命初期非常重要，保暖似乎也是啮齿类在整个生命周期形成"社会"的主要驱动力之一。在面对寒冷天气的威胁时，这一点尤其明显。智利有一种名为**智利八齿鼠**的啮齿类动物，通常被称为智利鼠。对其的研究表明，如果（在一项实验中）三五只智利鼠共处一室，其外周体温会更高，那么每只智利鼠的能量消耗能减少40%。孑然一身的智利鼠则会为了保持温暖消耗大量精力。[5]我们由此可以推断，形成"社会"群体的动力——我们称为依恋的动力——始于智利鼠在婴儿期与鼠妈妈的依恋，因为鼠妈妈提供了生存所必需的内容之一，即温暖源。

无论是对小老鼠、人类婴儿还是其他物种的幼崽来说，寻求与依恋相关的身体温暖，对其之后的依恋行为都有深远影响。心理学家哈里·哈洛在20世纪50年代进行了时至今日仍相当著名的演示实验,实验对象是小猴子(从动物权利的角度出发,该实验在伦理层面仍有争议)。他把小猴子从猴妈妈身边带走,让其和一组人造母亲——实际上,那只是裸露的铁丝制作的简单模型——在一起。之后,他让另一组小猴子与另一种"妈妈"在一起,这些妈妈也是铁丝制作的,但覆盖有加热的毛圈布。尽管两组由人工母亲"抚养长大"的猴子在成年后都表现出了社交缺陷,但与"温暖毛圈布母亲"养大的猴子们相比,由"裸线母亲"养大的猴子表现出的社交温暖更低。[6]

对于人类、猴子和老鼠来说,社交"温暖"不仅是与身体温暖相关的认知类比层面的比喻。对所有这些动物来说,婴儿时从母亲的体温调节中获得的温暖,与之后生活中驱动依恋行为的社会性温度调节之间,存在着发展和生理上的联系。

我们不抱团,我们更爱社交

如之前所述,人类和很多其他动物一样,致力于实现并维持特定温度下的内稳态。这被称为热中和性(thermoneutrality),就是核心体温和外周体温之差。1847年,德国生物学家卡尔·伯格曼描述了特别的种群和物种分布模式。他发现,在分类学进化枝上(一组生物应该由一个共同祖先进化而来),物种分布的区域非常广泛。在相对寒冷的环境中,会有大型动物的种群和物种;在相对温暖的环境中,会出现小型动物的种群和物种。

换言之：比起相对较小的动物，大型动物通常出现在离赤道更远的地方，而体形最大的动物（在同一分类内）离赤道最远，最小的动物离赤道最近。自1847年以来，这种模式屡试不爽，现在被称为**伯格曼法则**。[7]

在科技出现之前的社会中，以及在科技发展不佳或难以被利用的情况下，抱团是保持温暖的有效方法。但现代人类只有在遇到特定情境时，才会与亲密的伴侣或运动队的队友抱团。复杂社会融合（CSI）是人们研究关系时常用的评估变量。它代表的是多元化社交网络的建立。若查看有关人际关系与健康的文献，就会发现这是我们预测是否能长期存活的最好指标之一（至少对西方的、受过教育的、生活在工业化时代的、富裕的、民主的人来说如此）。

当然，复杂社会融合是独属于人类的变量。大鼠、黑猩猩和企鹅不会自觉自愿加入教会团体、运动队等，也不会定期和定居另一片大陆的朋友通过Skype网络电话聊天。然而，就体温调节而言，人类和其他物种在很多方面都很类似。一方面，解决调节体温的问题，对于包括人类在内的很多物种来说，都是仅次于呼吸的重要问题。和其他动物一样，我们要想生存，最重要的是氧气。另一方面，就是在一定范围内调控体温。我们也需要水和食物，这些东西的必要性虽然真实存在，但紧迫性较低。如果没有水和食物，我们能存活的时间相对较长。此外,在必要时,我们可以提前储备并定量分配水和食物。

伯格曼本人解释了自己亲身观察到的情况。他的理论是,比起较小型的动物,大型动物的身体表面积与体积比更小,因此大型动物每单位质量的辐射热量比小型动物少。所以,在寒冷的气候中,大型动物的核心体温仍然相对较高。但在温暖的气候中,动物需要尽快发散新陈代谢产生的热量。小型动物由于身体表面积与体积比更高,所以比大型动物在发散多余热量时更高效。

伯格曼法则说明了最基本、最意义重大的体温调适法则:体形适应。与其他大型哺乳动物一样,这种体温调适法则,当然也适用于人类。生活在离赤道最远、最靠近两极的人口,比如阿留特人、因纽特人和萨米人,体重通常比居住在靠近赤道的人更重。但是,人类和非人类物种可并非单靠体形这一进化适应力解决了体温调节问题。

正如我们在企鹅身上看到的,抱团是一种有效的策略,取决于可用的温暖身体数量——越多越好。因此,社交-网络规模是企鹅得以通过社会性温度调节生存的关键。长尾黑颚猴身上也有同样的情况。理查德·麦克法兰和同事们观察到,如果长尾黑颚猴拥有较大的社交网络,那么温度降低时,它们的核心体温也相对较高。[8]同样,我们也已看到,如果没有室内暖气,或无法负担壁炉燃料的费用,一家人或一群人也可以通过共享一张床取暖。

第❺章 鼠妈妈给予的温暖

然而，人类社会性温度调节功能已经发展到比其他物种更为精细的水平，因为我们的社会学进化在生物学进化停止之处继续前行。在人类社会与其他物种的"社会"之间，最主要的区别就是，人类社交网络的**多样性**对温度调节的意义，比这些网络**规模**带来的更大，而且非常可靠。这一事实增加了研究人员对人类社会性温度调节方面的研究兴趣，也提升了这一主题的复杂性，但我们至今尚未完全理解为何社交网络的多样性具有如此重要的作用。

我们可以看到，人类通过多种方式依附于社会，与能够满足各种需求的多种个体相互联系——实际上，以更高等级的文化、社会和文明为特征的生命所需所想的一切都囊括其中。然而，人类社会性温度调节的存在表明，建立多样化社交网络的原始进化动力，是以有效管控行为经济的方式来保持温暖的。从这个层面上看，企鹅和人类的社会冲动追根究底是由相同的生物学需求所驱动的。正如我和同事们在最近的研究中发现的，更为复杂的社会融合程度，能够提高寒冷气候中人们的核心体温。这个有趣的发现如同社会性温度调节中的很多其他内容，促使我们得出以下结论：生活在寒冷气候中的人比生活在温暖气候中的人更具有社会性，这让我们发现了逆向推理的逻辑错误。社会和心理学研究成果都无法通过简单明了的单向方式发挥作用。某种相关性并不意味着因果关系，但确实暗示了某种关系的存在——在此，我们所说的就是社会性温度调节与核心

117

体温间的关系。

有证据表明，维持核心体温是社会性温度调节以及人类文化进化的主要驱动力。此外，我们在之后的内容中会看到，2011年的一项有趣的实验表明，在多样化社交网络中生活对生存很有意义。然而，在本书撰稿时，仅存在一项实验证明了社交网络多样性与人类核心体温之间的关系。2016年，特里斯滕·K.稻垣及同事们发表了一项关于身体温暖与社会温暖之间关系的初步研究。他们得出的结论是，对社会联系的体会越深，核心体温就越高，二者呈正相关。[9]不过，社会联系是否真能抵御身体寒冷尚待确定，更不必说社会联系的何种方面会提供保护，或者社交网络是否能比其他已知变量更好地预测核心体温。更多工作仍需完成。

信誉革命蓄势待发

有些研究试图将情绪和温度同**社会性**温度调节与依恋联系在一起，构建和解释这些研究中遇到的问题可以说非常复杂。与当今广受支持、充分解释的情感理论相比，现实更为复杂。实际上，由于现实太过复杂，我们需要进行更多研究，证明情感与**特定社会背景中**的情绪体验相互关联！

我们不妨暂且回顾一下心理学家（包括我和同事们）为何说我们需要更精准的研究。当我们开展对社会性温度调节的研

第 ❺ 章　鼠妈妈给予的温暖

究,并表达对概念隐喻理论的批评时,包括心理学在内的社会科学正处于公认的危机所带来的阵痛之中。在颇负盛名的同行评审期刊中发表的多项研究表明,很多结果均被证明无法复现。这些结果包括第 2 章中引用的很多概念隐喻理论文献,例如钟谦波和凯蒂·李简奎斯特于 2006 年进行的"麦克白效应"的研究,以及 2012 年班纳吉、查特吉和辛哈的报告——比起回忆道德行为的人,回忆不道德行为的人会觉得房间更昏暗,需要更多照明设备(比如手电筒)。[10]

有些关于社会性温度调节的研究也难以复现。我尝试对第 1 章中耶鲁大学 2008 年"电梯里拿咖啡"的研究进行后续研究时,获得了可对比结果,但这并非科学家们所认可的近似复现。因此,耶鲁大学研究所得的结果需要独立验证。我进行了更多研究,以耶鲁大学研究结果为基础进行预测。在一项研究中,我对温暖程度和寒冷程度进行了控制,自信地认为在温暖的条件中,人们会想到与自己亲近的人。如果我们对人们施加了温暖"启动",他们就会想到关爱,不对吗?结果我的预测完全错误。在**寒冷**的条件中,我们会更倾向于想到亲近之人。此外,经过证明,这种结果比较可靠。除了原始研究,我们也通过大量样本在法国复现了这种效应。我本来希望证明这种**启动效应**,即温暖的条件能让人们拥有"温暖的想法",想到自己关爱的人。相反,我发现了与**补偿**相关的效果。寒冷的条件会产生某种关于社会性温度调节的认知结果:关于自己关爱之人的"温暖"想法。

或许我本不该如此惊讶，毕竟德莫特·莱诺特等人严格遵循了耶鲁大学研究程序进行复现，但也无法得出耶鲁大学所做研究的结果。[11] 事实在于，心理学家通常对做出预测并据此提供建议的能力——举例来说，将房间温度提高 x，就能达到 y 结果——过于乐观。之前的研究方式和数据分析方式，根本无法让我们在特定情况下针对特定个体做出非常精准的预测。然而，这并不意味着，有关基本原理和机制的结论完全错误。但如果研究无法复现，就不能认为结果支持了某种假设、想法或观念，更不必说某种已被提出的"理论"了。研究人员在著名的英国科学杂志《自然》上发表了一篇文章，称意图复现《自然》和《科学》上发表的 21 篇社会和行为科学的论文，由此，你大概就能体会到信誉危机的严重程度了——况且最终得以成功复现的研究只有 13 项。[12]

信誉革命，时机已到。

道阻且长，虽然我们已经有所进展，但与目标之间还有一段距离。我们（以及很多其他同行）首先引入的措施是为收集数据，增加参与者的数量。然而，由于这种方式获得的发现有限，所以还远远不够。我们需要拓展思维，所以在所谓的人类企鹅计划（Human Penguin Project, HPP）中——为了解气候、社会融合及核心体温之间的关系而采取的重要措施——我们才改变了心理学家通常工作的逻辑。[13]

心理学家通常会通过观察、向其他学科借鉴，或在某种情况下，根据所知进行推测等方式提出某种观念。有的时候，要想把研究所观察到的内容纳入该思想的框架中并非易事。我们决定采取另一种方式，即主动采取行动，减少错误发生率，因为这些错误可能会引发成果无法复现的后果。错误结果是人为过失的产物，包括无端的因果关系假设，因此，为了避免**人为错误**，我们可以利用**计算机算法**解释数据。复现研究的问题之所以出现，通常是因为我们错将"噪声"（信号所伴随的背景）当作"信号"（重要的、有意义的现象）。这种错误被称为"过度拟合"，我和很多人都认为，该错误是造成持续性复现危机的重要因素。[14]

研究人员在单一情境中观察到了数据集，并意图将其概括为结果，但研究人员采用的模型对现实来说太过复杂，所以通常会发生过度拟合。实际上，有的时候，出现过度拟合纯粹是因为运气不好。举例来说，参与者可能并不想回答我们的问题，或者来到实验室之前已经喝醉了。这种异常是生活的一部分，不能总是通过我们已有的数据模型进行解释，且我们不应该强行（或过度拟合）将数据嵌套进模型之中。

为避免此类问题，我们尝试应用现代的计算机辅助技术，**通过**数据生成最可行的模型，而不是将我们对概率的见解**强加于**数据之上。之后，我们还要在数据集中复现自己得出的结果。在研究项目中，我们尝试了"抢先复现"。这种方法并非要对所有漠不关心或醉酒的受试者进行解释，而是要使用监督式机器学习的技术进行探索性分析。这种方法无须研究人员的明确指示，便能对数据进行解读。我们并没有提前做出设定，让机器得出我们的预测结果。只有在得到机器学习结果后，我们才会进入验证阶段。

人类企鹅计划以大量先前研究——包括我们自己的研究——为基础，以便将与核心体温相关的已知因素识别出来。这些因素包括其他研究人员研究过的特定社会关系变量，例如对家乡的怀念和依恋之情。此外，我们还纳入了通常会对体温产生影响的变量，比如压力和药物使用情况等。最终，我们确定了与新陈代谢和社交网络质量相关的变量，例如日常饮食和含糖饮料的摄入（这是以社交孤立会导致糖摄入量增加的普遍假设为基础的）。我们有意扩大了变量的选择范围，以确保将过去文献中许多最为突出的变量确定为预测核心体温的指标。此外，我们还解决了自我控制、依恋以及读写障碍（无法确定或描述自我情绪）等问题，这些都直接取决于压力的调节，因此可能与体温相关。将这一系列变量引入人类企鹅计划初步研究和随后的主体研究中，我们可以优化复现的成果。

在初步研究和主体研究中，受试者还要根据要求，在早上9点至11点（当地时间）完成调查，调查前10分钟内避免食用或饮用过热或过冷的食物或饮品，前1小时内避免运动。完成调查前后，受试者要使用口腔温度计测量体温，拍照留存后，上传至我们的在线平台。

第 ❺ 章　鼠妈妈给予的温暖

初步研究有 232 名受试者线上参与。这项研究属"概念证明"类，是我分别在两个外包平台上进行的。得出了初步但有力的结果后，我备受鼓舞，请朋友们和新的合作者帮忙，收集从十几个不同国家 1,523 名受试者处得到的数据。心理学实验和政治上的民意调查一样：体量很重要。很多研究都无法复现结果，正如很多民意调查都无法准确预测选举结果，二者背后的原因相同：样本量太小就会过于局限，或者会出于其他原因而没有足够的代表性。我们的目标是更准确地确定哪些变量能最准确地预测核心体温。

为了检验已知的社会性温度调节原理，我们需要检验基础因素，并使用监督式机器学习确定影响核心体温的社会性及非社会性因素。预测人类核心体温的复杂性在于必须考察变量的范围。通过以这种方式分析数据，再根据一个人充当的高度接触性社会角色的数量，我们发现，社交网络的多样性是预测核心体温的一项关键指标。

接着，我们使用了另一种方法，证明较寒冷的气候与更复杂的社会融合度相关，且更复杂的社会融合度与更高的核心体温相关。除了集中供暖技术，人们仍要依靠社会温暖——与复杂的社会融合相关联——应对周围环境带来的寒冷。我们仍不能完全理解人类是如何做到的，但一个可能的假设是，情感与温度变化相互关联。此外，人们还通过社会性情感调节过程调控彼此的温度。正如大鼠身上体现的，如果感受到伴侣在情感上更贴近自己，那么你就会愿意付出更多精力帮助对方进行调节。

在此，我们要记住的一个关键点就是我之前已经强调过的内容：不要逆向推理。单是远离赤道的人更具有社会多样性这一点，并不意味着他们的社交程度更高（或更低）。人们参与各种社交活动会出于不同的原因，社会性温度调节只是其中之一。为了感受到安全，我们也会分享食物，依靠他人。在社会互动方面，我们无法根据数据推断出某个国家优于另一个国家。另外要牢记的关键一点是：监督式机器学习的方法在确定预测变量时，并没有假定因果关系。将预测因素假定为原因对普通人来说可能是个好习惯，但却为科学家们所厌恶。俗话说得好：手里有锤子，万物皆钉子。

监督式机器学习提供了一种有意义的数据探索方式，让我们在对社会性温度调节原理进行验证时，无须假设特定因果关系的存在。在这些原理中，最主要的是以体温调节为中心而组织起来的现代人际关系。当今社交网络越发成熟，但温度调节的基础与其最初出现时毫无二致。这说明，社会性温度调节不仅是从人类祖先那里进化而来的特征，而且就形态——包括形式、结构和运作——而言，其自人类进化初期起就没有变化。

通过依恋预测安全感

通过探索人类多样化的社交网络，我们超前了一大步。依

第 ❺ 章　鼠妈妈给予的温暖

恋和预测其他人的行为**首先**关乎我们与照料者的最初关系，**其次**才与我们最亲密的关系有关。在人类企鹅计划中，我们发现并完全借鉴了这种观念，借由更多样的社交网络保护他人免受寒冷仅适用于恋爱关系。尽管尚不确定背后的原因，但通过已有的大量切实数据，我们可以发现很多很好的思路。

得益于约翰·鲍尔比和玛丽·安斯沃思的工作，以及哈里·哈洛的实验，人们现在普遍认为，依恋类型不仅出现在婴儿期，而且会延续到成年生活里出现的其他关系中。哈洛通过人造母亲"养育"猴子的实验简单勾勒了这一原理。如果小猴子拥有的是冷漠的、裸线人造母亲，那么它们长大之后，在社交上也会变得冷漠。如果拥有裹在温暖毛圈布中的人造母亲，那么从社交意义上看，同拥有猴妈妈的小猴子们相比，它们虽然仍有社交缺陷，但成年后也是相对温暖的。就人类而言，由于我们所参与的关系具有多样性，所以依恋类型必然更为复杂，但由此构成的基础和模型，绝不仅仅可以应用于婴儿与照料者之间的关系上。

依恋概念、依恋类型及不同类型之间的区分具有实际作用，对临床医生和治疗师来说尤其如此，但即便这样，在理解依恋的生物学机制方面，我们还有努力的空间。更全面地了解生物学起源，对设计有效的临床及治疗干预措施具有关键作用。正如我们所见，关于大鼠的研究表明，啮齿类动物群体行为进化的驱动因素就是远离掠食者，抵御寒冷，进而获得安全。对于

125

幼崽需要父母的照顾和喂养才能生存的物种而言——对大鼠和人类都一样——抵御天敌、抵御寒冷的需求极其迫切。自然选择之所以垂青依恋行为，就是因为它在生物从成长至繁衍生殖的过程中都有帮助作用。

在抵御天敌和抵御寒冷方面，依恋就是将风险在不同社会群体中进行分配。你猜得没错，依恋也是为了温度调节。有人认为，现代人类的文明进化已经明显扩大了生物进化的适应性优势，依恋和复杂的社会融合背后的生物学驱动因素的重要性到成年时期会逐渐降低。然而，情况并非如此。如在人类企鹅计划中所见，在进化的全过程中，早期依恋和婴儿依恋的结合，意味着人类的成年社会生活**仍然**围绕着分散风险和调控体温两大主要目标进行。值得注意的是，虽然文明进化催生了各种经济、政治、道德和技术上的防御措施，但在应对包括天敌及寒冷在内的各种环境威胁方面，上述事实依旧未曾改变。

正如我在本章开始时提到的，埃克曼及其同事（还有其他人）的研究表明，根据研究人员的要求做出各种表情——例如悲伤、愤怒等，与自主神经系统的可测量效果（包括外周体温的变化）有关。然而，这种效果也与社会性温度调节相关联，且不局限于愤怒、恐惧和悲伤等简单的离散情绪状态中。情感及其肢体表达不但会出现在个体内部，而且会出现在某种关系的社会背景中。由此可知，情感及其表达与依恋有关。

关于"依恋理论"的心理学文献比比皆是，而且这一队伍

第 ❺ 章　鼠妈妈给予的温暖

还在不断壮大。尽管我认为，对依恋的研究应该是大多数心理学研究中最先进的领域之一，但将之视为心理学上一种"理论"的做法还有待探讨。最低调稳妥的事实是，学科本身尚且不够成熟，无法成为理论。理论，就这个词的本身意义而言，必须具有正式的预测，可"正式"和"预测"恰好是大多数分支学科中所缺少的。我们拥有的顶多是思路（或者原理），且以相关性及实验研究中得出的一系列因果关系为基础。换言之，依恋**原理**极有说服力。然而，我们不得不认识到，作为某种"原理"，依恋是"人际关系"的"子集"，而非其同义词。在2005年一篇关于依恋研究的评论文章中，大卫·科科伦和梅尔特姆·阿纳法尔塔指出，依恋"理论"并非以成为某种关于关系的普遍理论为目标，它是一种解释，说明面临与亲人分离、伤害或可预见的威胁等压力时，人们会如何反应。[15]

我不妨重述一下。依恋始终是对环境的适应。生命-历史理论是一种起源于20世纪50年代的生物学进化论，通过研究有机体的生命历史（尤其关注生殖发育、生殖行为、生殖后行为以及寿命）如何对自然选择产生影响，进而解释生物体解剖结构和行为的不同方面。至于依恋，生命-历史理论告诉我们，有机体生长所处的环境越恶劣，其对依恋的安全感就越低。这是因为，就自然选择而言，在恶劣环境中的生存依赖于高度警惕性，而警惕性则是一种方式或状态，与安全型依恋蕴含的自满互不相容。

回顾第 1 章中的实验,我们发现比起处在温度较低的房间里的孩子,处在温暖房间里的孩子会把更多贴纸或气球送给(虚构的)"隔壁房间里的孩子"。此外,这种效果常见于具安全型依恋的孩子身上。然而,受复现危机的影响,我们逐渐意识到,自己的样本量太小,很难保证有意义的结论。此外,与此同时,类似研究似乎表明,依恋与社会性温度调节之间并无关联。

于是,我们决定根据与人类企鹅计划极为相似的原理,着手进行由三项独立研究组成的新项目。我们准备了 36 条关于亲密关系中依恋感的描述,之后将这些内容提供给受试者。其中典型的描述包括"我的伴侣让我怀疑自己""我很愿意和另一半分享自己的想法和感受"以及"我可以随时依靠对方"等。受试者要通过量表对这些描述做出回应,衡量范围从 1(完全不赞同)到 7(完全赞同)共 7 个等级。接着,我们请受试者触摸温热的——或冰凉的——杯子,并让他们说出 5 个马上能想到的人。此后,我们让受试者描述自己与刚想到的人有多亲密。根据较早在 2008 年耶鲁大学进行的研究(按照要求,受试者在握住温热或冰凉的杯子后,要对社交温暖或冷漠进行评分),我们预测,握住温热的杯子会让人们想起与自己更亲密的人。

可我们大错特错。握住凉杯子的人大多会想到与自己亲近的人。而且,这种结果得到了多次成功复现。处于寒冷状态下的受试者总会想到与自己亲密之人。

我们随后进行了进一步分析。正如进行人类企鹅计划一样,

第 ❺ 章 鼠妈妈给予的温暖

我们希望探究的是，对他人的依恋是否会影响受试者对温度的反应，影响的方式又是怎样的。关于这方面，之前的实验产生的结果与我们的并不一致。请受试者看完 36 条描述后，我们先让受试者握住热杯子或凉杯子，之后让他们想 5 个人，并回答自己认为跟这 5 个人的亲密程度——通过这种方式，我们发现了一种**前后一致**的模式。如果受试者认为自己可以依靠伴侣，觉得可以与之分享自己心底的想法，那么他们会在寒冷的时候想到自己的爱人。而对于觉得与伴侣在一起时并不自在的人，情况正好相反。这项研究中值得注意的一点是，我恰好换了工作，从荷兰搬到了法国。由此，我就可以召集另一组完全不同的受试者验证同一种想法，这次的受试者不再是荷兰学生，而是法国学生。第三项实验由我的法国新同事利松·内鲁德（Lison Neyroud）和雷米·库尔塞（Rémi Courset）主导，受试者是生活在赤道附近的格勒诺布尔（Grenoble）的学生们。尽管在这组学生中，我们发现了同样的结果，但他们——和人类企鹅计划里一样——似乎对温度控制的敏感性相对较低。[16]

非人类物种身上体现出的真实情况，可以很好地推断出人类身上体现出的依恋。如果一个人在恶劣的环境中或在具有威胁性的环境中成长，那么他往往会变得非常警惕，甚至会过于警觉。可以说，这种人具有不安全型的依恋。我们大多数人都会假定，从情感角度看，安全型依恋是"健康的"，因此也是"好的"，而不安全型依恋本质上"不健康"，因此"不好"，这种倾向可以理解。

　　我们现在可以以鸵鸟为例。为了找到食物、吃掉食物，鸵鸟必须低头靠近地面。鸵鸟有这种举动时，就不可能同时对掠食者保持警惕。换言之，它们是冒着生命危险在觅食的——况且鸵鸟还有那么长的脖子。然而，要想避免这种危险就得挨饿。所以，为了减少进食时的风险，鸵鸟会将之分散给整个群体。有些鸵鸟觅食或进食时，群体中的其他鸵鸟就会抬头挺胸，随时准备应对掠食者的出现。[17] 它们的反应是为了提醒整个群体注意。在鸵鸟"社会"中，风险是分散的。尽管有些鸵鸟懒散着，更贴近地面，但焦虑程度更高的鸵鸟则仍会保持警惕，因为它们预测的结果是，自己不能自始至终相信同类。由此可见，有些鸵鸟的焦虑型依恋，实际上对整个群体更为有利。可以说，此举事关生死。

　　2011年，针对人类而非鸵鸟进行的一项实验表明，身处庞大的——且多样的——群体中，个体的存在具有关乎生死的价值。[18] 研究人员"悄无声息地观察了"共46个小组。每个小组成员都身处实验室房间，房间会逐渐弥漫烟气，显然是电脑故障造成的。假定小组中有人具不安全型依恋——焦虑型依恋，哪怕只有一个，那么与全体成员都觉得安全的小组相比，他们会更早地整组离开房间。借用研究人员的表达便是，"焦虑型依恋让人能更快探知危险，并且……在发现危险后更快做出逃离的反应"。如果小组成员足够多样，其中有一位回避型依恋的人，那么小组整体的安全程度都会提升。的确，如果一组人中并没有谁表现出焦虑，那么这组人甚至很可能都没有注意到烟气。假设此时设计的危险真的出现，那么由安全型依恋个体组成的幸福的恒温群体可能会早早全部丧命，因为他们做出了错误预测，对致命的环境也感到满意。本杰明·富兰克林（Benjamin Franklin）曾有言如下："如果每个人的想法都一样，就说明没有人在思考。"

依恋事关代谢资源的管控

目前为止，我们已经提到了预测及节省能量，但还没有深入研究其细节。在前文中，我提到了朋友吉姆·科恩的成果。2014年，我到夏洛茨维尔的弗吉尼亚大学拜访了他。那次拜访深刻地改变了我对社会性温度调节领域的认知。

我会想起吉姆几年前"顿悟"的一刻。那时，他正在研究所谓的"牵手效应"。他让受试者（大部分是女性）躺在功能性磁共振成像扫描仪中，并告知其脚踝会定期感受到轻度电击。正如吉姆的推断，受试者对此有些担心。他要做的是利用功能性磁共振成像扫描仪，测试不同条件下与压力相关的大脑活动：有的受试者会被伴侣握住手，有的受试者会被陌生人握住手，还有的受试者则根本不会被握住手。研究开始之前，他已经明智地预测到，如果握住受试者的是伴侣，那么受试者就能更好地调控情绪。据此，他认为，如果有人握住受试者的手，那么在影像中，通常与压力相关的区域（比如前额叶皮层）会更"亮"。毕竟，当时的主导模型是，人们认为，自己可以依赖他人作为社会保障的来源。

吉姆·科恩进行了这项研究，结果与其预期的恰恰相反。如果是伴侣握住了受试者的手，大脑中与压力相关的"变亮"区域反而**更少**（如果握住受试者手的是陌生人，那么"变亮"区域只会少一些）。

吉姆要对此进行解释，每次都会出现同样的结果时更应如此。当时，弗吉尼亚大学的认知科学家丹尼斯·普洛菲特提供了一种解释，虽然简单，但恰如其分。他认为，在吉姆的研究中，受试者就像鸵鸟。由于他们分散了（减轻了）压力，所以情感的作用不会变大，反而变小了。根据这一认识，吉姆得出了社交基线理论：人的基准期望在于我们与他人在一起。如果是独自一人，基准期望无法实现，我们就会感觉受到了威胁。[19]

本质而言，这就是**社交**意义所在。这个见解尽管相当简单，但尤其深刻。普洛菲特之所以能得出这个结论，是因为他在行为经济理念方面进行了多项试验。或许你还记得之前讲到的，普洛菲特在行为经济方面的贡献主要是以估算距离和坡度的研究为基础的。判断坡度时，无论是以口头方式表达，还是以视觉方式观察，人们都会对其估计过高。普洛菲特（以及共同进行研究的多名同事）认为，人的估计服务于其参与的行为。过高的估计是一种方式：大脑和身体是要借此告诉我们不要爬那座山。

以色列研究员萨齐·恩-朵之后和吉姆·科恩一起进行了关于亲密关系的研究。为了评估回避型依恋的后果——也就是说，人们在多大程度上不愿意依赖他人——他测量了人们血液中的空腹血糖。结果表明，越是倾向于回避的人，空腹血糖越高。研究人员由此得出结论，这表明回避型的人需要调动更多的代谢资源。毕竟，比起依靠社群的作用，单单依靠自己需要消耗更多能量。[20]

共同温度调节亦与依恋有关

论及依恋，心理学家所知的与所评估的内容，大部分都与风险分配有关。例如，和伴侣在一起的时候，我会感到安心和安全吗？遇到困难时，我可以仰仗对方吗？不过，进行社会性温度调节的渴望之中存在的个体差异该如何解释？我亲爱的同行们，也就是各位社会心理学家，一直醉心于探知这种情况的影响，但常常会忽视对个体差异的认识。不过，值得欢呼的生命奇迹之一就是，人们在很多方面都存在差异，社会性温度调节也未能例外。大型动物倾向于更妥善地保存身体热量，由此而来的副作用是，若环境温度相当高，它们就会很不舒服。

尚在襁褓中的我们，受到的体温方面的照顾很可能非常不同。因此，根据人类企鹅计划中来自12个国家1,523名受试者的数据，我和同事着手设计了一种衡量个体差异的方法。这种方法就是社会性温度调节及风险规避问卷（STRAQ-1），同样广泛借鉴了之前的研究。[21] STRAQ-1项目旨在分析处在婴儿期和成年期的我们，对依恋理解方面的差距，以便更好地认识环境与个性之间的关系。我们都还记得，依恋——婴儿与照料者之间形成的纽带，可以推动婴儿之后在社会、情感和认知方面的发展。其赖以支撑的假设是，相对无助的婴儿，可以依靠他人得以生存。虽然并没有得到足够的重视，但这种假设的一个重要方面就是生存取决于婴儿成功应对环境所需的能力。婴儿的身体需要依靠他人，由于体形太小，靠自身获得温暖基本不可能实现。

STRAQ-1旨在探究的是，成年之后表现出的人际交往质量，与婴儿时个体能否成功将温度调节任务分配给照料者有关。如果照料者总能够满足婴儿调节体温的需求，那么我们预测，之后，婴儿会在童年期和成年期形成安全型依恋。STRAQ-1中的问题旨在评估受试者分配体温调节任务时的倾向。

社会性温度调节和压力对依恋类型有形成性作用，从这一猜想出发，我们分析了STRAQ-1的数据，确定了4份子量表中的23个（总共57个）相关项。这4份子量表分别有关社会性温度调节、高温敏感性、独力温度调节及风险规避。在与社会

第 ❺ 章　鼠妈妈给予的温暖

性温度调节相关的问题（寒冷时与他人抱团）上，得分较高的受试者健康状况更好，且普遍认为对他人的依赖以信任为基础，对伴侣的依恋中表现出的回避较少。依恋中的回避通过《亲密关系体验问卷》进行衡量，其中的描述包括"我不喜欢将内心深处的想法告诉伴侣""我不喜欢对爱人敞开心扉"等，也包括与之相反的内容，如"我喜欢和伴侣探讨一切"。更认同前两种陈述的人通常会"预测"在自己有情感需要时，其他人"不会陪在身边"。

我们并没有感到惊讶，倾向于更少依赖他人进行社会性温度调节的人，往往不愿意依靠伴侣，不愿意向伴侣敞开心扉。这些人也会更倾向于让情感外化，这实际上表明他们对自己的情感认同度较低。

以下是 STRAQ-1 中关于社会性温度调节的部分描述，你可以自行思考一番：

> 我与他人的身体接触比大多数人多。
> 人们靠近我时，我会很想接近他们。
> 冷的时候，我想跟别人靠在一起。
> 我喜欢通过身体接触暖热双手或双脚。
> 我喜欢靠人取暖，而不是使用其他物体。

在高温敏感性方面得分较高的人基本上是老年人、压力较大的人、社交圈子较小的人，以及难以辨识自己感觉的人。高温敏感性方面得分较高的人往往对依恋更为焦虑。这些描述通常取材于回避型问卷，包含以下陈述："我害怕失去伴侣的爱""我很担心自己的人际关系"，以及"我对关系更进一步的期望有时会吓到别人"。在这些项目上得分较高的人，依恋系统通常会被过度激活。**这些人**正是会在电脑故障产生烟气的房间中保持警觉的人。焦虑程度更高的人倾向于"预测"人们可能会支持自己，但并非始终有这种感觉。测验中与高温敏感性相关的部分主要陈述包括：

> 我觉得温暖的天气令人愉快。
> 我觉得炎热的日子让人舒服。
> 我不喜欢太热的天气。
> 要是觉得太热，我就什么都不想做。
> 太热的话，我很难集中精力。
> 我喜欢在凉爽的地方放松。
> 我怕热。

在独力温度调节的描述中，身高较高的人得分较低。得分较高的人一般是觉得压力较大、经常怀旧，以及更少表露情感（能更好地识别情感）的人。通常，这些人在依恋关系中也表现得很焦虑。在STRAQ-1中，与独力温度调节相关的内容

第 ❺ 章　鼠妈妈给予的温暖

包括:

> 我不怕冷。
>
> 冷的时候,我比别人更早打开暖气。
>
> 冷的时候,我比别人穿得更多。
>
> 特别冷的时候,我很难集中精力。
>
> 觉得冷的话,我不会开暖气。
>
> 不知所措的时候,我喜欢长时间洗热水澡,理清思绪。
>
> 不开心的时候,我喜欢喝热饮放松。
>
> 压力大的时候,我会找个暖和的地方冷静一下。

似乎最有力的发现是,社会性温度调节与回避型依恋存在负相关关系。换言之,社会性温度调节方面得分较高的人,依恋的回避程度较低。认识到两者之间存在相关关系非常重要。我们可以由此推断其中蕴含有方向性——社会性温度调节程度较低,会让你产生避免依恋的倾向。但我们并没有发现这种因果关系的证据,因此还需要进一步研究,特别是长期研究。

我们可以大胆推断,在社会性温度调节方面,依恋有助于大脑发挥预测功能,推测我们在第 1 章里提到的"社会-天气"。回顾多项研究,我们发现,如果研究人员让我们觉得受到冷落,那么我们对环境温度的估计会偏低。依恋有助于我们对复杂的社会融合进行长期计划和管理。我们如果具备安全型依恋，就会像投资伯克希尔·哈撒韦公司（Berkshire Hathaway）时的沃伦·巴菲特一样，对社交网络的多样性进行投资——这是出于长远的考虑。我们相信他人可以依靠，能帮助我们取暖、规避风险。我们会自由分配体温调节资源（对我们预测为"温暖"的人进行情感投资），也会自由分配风险（我们预测自己多样的社交网络中包括给予我们支持的人）。这样的社会投资往往出于长期打算。在具备安全型依恋的情况下，我们不会抱着"捞一票"的心态，而是要确保长期获利。相反，如果具备焦虑型依恋，我们就会采用"华尔街之狼"乔丹·贝尔福特的方式投资复杂社会融合。焦虑意味着我们的感官过度活跃，怀疑其他人的可靠性，进而无法预测他人的"温暖"程度，所以选择进行短期投资。我们期待社会投资的即时回报。有时候我们投机成功，收获颇丰，但从未采取措施构建长期投资组合。

总而言之，证据非常充分，在支持自身体温调节能力方面，其他人是关键一环。当然，在人类文明创造出高效供暖技术之前，大家会群居取暖。上调体温的需求是古代人类维系关系的驱动力。人类企鹅计划的结果印证了这一想法：在现代人际关系中，我们仍然会通过衡量某人在社交方面是"冷"是"暖"来预测这个人的可信程度和可靠性。如同之前的群居抱团一样，现代多样化社交网络的出现提高了人体的核心温度。

依恋是种生物进化性适应，通过古老的文化演变，它扩展

第 ❺ 章　鼠妈妈给予的温暖

为复杂社会关系构建出的现代依恋。这种延续性可以与婴儿期依恋的延续性相比较。婴儿期的依恋起源于对亲人和照料者那里温暖身体的迫切需要，之后会延续到成年时期。成年人**仍在**寻找温暖，但不是通过与照料者身体接触获得，而是要依靠伴侣和对复杂社交网络的融入。由此，古老文化中的依恋和现代婴儿期与成年期之间的依恋具有延续性，且证据确凿。从这个意义上看，我们对依恋的理解更深入了——但还是不曾理解复杂社会融合提高体温的机制。

不过，这并不妨碍我们提出假设。心理学家用**共同调节**描述个体持续性的行为举止被伴侣不断变化的行为所改变的情况。（本书的最后，我们会再次讨论共同调节的话题。）尽管复杂社会融合提升体温的机制尚未被理解，但我们有理由相信，发挥作用的是共同调节，或者更确切地说是共同体温调节。1969 年，V. 沃伦科斯基等人的研究表明，如果婴儿不开心，那么母亲的外周体温就会升高。[22]

我自己参与了 2014 年的一项研究（目前尚未发表），这项研究表明，一个人看到伴侣伤心时，他的外周体温就会升高。[23] 或者说，外周体温的升高（根据 1969 年和 2014 年研究的结果）是共同调节的例证。我们仍在验证后者的效果可否复现。此外，关于人际关系的心理学文献展示了更多实例，说明人们在生理上的共同调节可以实现内稳态（可能包括温度稳态）。温度的调节——可能也是共同调节——与依恋息息相关，因此可能也是人们对他人进行预测，进而构建多样化社交网络的基础。

社交天气预测

　　心理学家之所以喜欢长尾黑颚猴，并不是因为它们特别可爱（它们确实也可爱），而是因为它们有很多和人类一样的缺点，比如高血压、焦虑以及（聚众或独自）饮酒等。和人类一样，长尾黑颚猴也同样展示出了创建大型社交网络的动力，它们显然具备沃伦·巴菲特的风格，对能量的长远效用进行了投资。我们在第 3 章中注意到，诸如梳毛等社交行为，也在很大程度上避免了长尾黑颚猴受寒。实际上，即使从已经死去的长尾黑颚猴身上剥下皮毛，进行梳毛（逆向梳毛）活动，也能提高兽皮下方的温度。

　　长尾黑颚猴和企鹅一样，"知道"结成大型社交网络的重要性。其实，在生命的早期——大概就是人类依靠母亲给予关怀温暖的婴儿时期——长尾黑颚猴大脑的某些部分就形成了"预测机器"，知道自己可以依靠他人通过将接触和梳毛结合起来保持温暖。研究人员测量了身处大型社交网络中的长尾黑颚猴的体温，也测量了独处的长尾黑颚猴的体温。在体温方面，大型社交网络中依恋程度较高的长尾黑颚猴比起独处的那些要更低一些。由于依附于社群，长尾黑颚猴可以预测，需要的时候，其他猴子会过来提供温暖。尽管我们对所涉及的机制没有精确

第 ❺ 章　鼠妈妈给予的温暖

理解，但可以推测，婴儿期形成的依恋在经过成长过程中社会经验对其扩展和验证后，可以"调低"社会关系丰富的长尾黑颚猴的恒温器，降低其正常体温，由此保存更多代谢能量。长尾黑颚猴"社会"的存在——至少在一定程度上——有助于行为经济。个体为整体做出贡献，并从中获益。

长尾黑颚猴"社会"发展的驱动力同时也推动着人类社会的发展——但二者之间有重要区别。对长尾黑颚猴（以及企鹅）来说，社交圈可以提供经济实用的防寒保障。对于人类而言，与提供这种保护相关的是社交网络的多样性——绝非社交圈的大小——这不只给社会成员带来了温暖的感觉，而且也表现为可测量的、更高的口腔温度。

与心理学中的很多其他方面一样，我们需要进一步研究，才能理解社交网络的质量与体温上升之间的作用机制。与此同时，根据目前的理解，我们认为，多样化的社交网络与可测量的、更高的口腔温度之间的相关关系就是共同调节产生的作用。在 2012 年的一篇文章中，艾米丽·A. 巴特勒和阿什莉·K. 兰德尔提供了更具有操作性的定义：共同调节是"伴侣之间波动的情感通道（主观经验、表达行为及自主神经学等层面）的双向连接，有助于增进伴侣亲密关系中的情感及生理稳定性"。[24]

波动的情感通道实际上是如何联系在一起的？对此我们没有答案——暂时没有——但从实验方面看，我们有理由相信，在生物进化和文化发展的背景下,社会性温度调节是依恋和共同调节之间所有联系的关键。在尽可能小的社群层面上,共同调节暗示出一点:我们还没有理解动物群体与人类社会建立的生物学机制。这便是我们下一章的入手点。

第 6 章
下丘脑之外
——文化如何改变社会性温度调节

复杂多样的社交网络以一种与体温（保持彼此的身体温暖）无关的方式帮我们驱散寒冷。所以人类是怎么从企鹅式的抱团进化到在此种社交网络中进行互动的呢？这就是本章的核心问题。换言之：我们如何与企鹅、大鼠有所区分？我们是如何成为高度社会化的生物，建立"文明"这个越发多样的网络，甚至将之扩展到网络空间的？

深情厚谊：企鹅抱团之外的温暖

我住在荷兰美丽的哈勒姆时，常在咖啡店工作。当然，很多人都有这种社交习惯。J. K. 罗琳就是在爱丁堡的咖啡茶饮店——大象咖啡屋（the Elephant House）完成了《哈利·波特》（Harry Potter）系列第一本的大部分内容。全球咖啡连锁商星巴克能拥有 28,000 个店面，主要是因为客户喜欢到那里工作。回想一下我和同事在阿姆斯特丹、乌得勒支、蒂尔堡和格勒诺布尔所做的热杯子研究。星巴克的商业天分就在于，在让很多人觉得舒适的环境中提供热饮。星巴克的创始人霍华德·舒尔茨（Howard Schultz）称，自己最初萌生创建星巴克的想法是在意大利——这个国家常被誉为咖啡馆文化的"发源地"。有赞赏者表示，星巴克将传统意大利咖啡馆特有的社交温度和麦当劳式的大众化便利性结合到了一起。

恕我直言，星巴克自始至终对我都没有太大吸引力。没错，星巴克是吸收了意大利咖啡馆的一种元素，又向麦当劳借用了另一种，但无论如何，没有一家星巴克能如我在哈勒姆最喜欢的咖啡馆一样让我倾心。这家咖啡馆名叫"Native"，也就是我们荷兰人所说的"gezellig"。大略翻译一下，这个词的意思是"舒适的"，其名词形式"gezelligheid"可以翻译为"舒适感"。不过，这个词的不少韵味都因翻译而逸失了。荷兰语单词特别传递了一种社交意义上的温度。这样说或许好一些：我说起自己怀念"gezelligheid"，就会想到圣诞节时，屋外很冷，我和家人围坐在壁炉旁，食物的香气弥漫在整栋房子中。"gezellig"这个词主要是荷兰人在使用，走进美国的

第 ❻ 章　下丘脑之外

千家万户的是丹麦语"hygge"。我认为，与英文单词中表示"舒适"的"cozy"相比，"hygge"更贴近"gezellig"表达的含义。

"Native"非常适合工作。我能感受到温暖、积极的气息，觉得自身充满活力。离开哈勒姆到格勒诺布尔-阿尔卑斯大学（Université Grenoble Alpes）执教时，我发现那里的人很热情，食物美味可口，自然景观令人叹为观止。唯一让我惦念不已的就是咖啡馆——"Native"，这个名字真是恰到好处。我发现，于我而言，身处熟悉之地的感觉并非仅仅来自咖啡。此外，这种感觉也并不比我们在亲密关系中与所爱之人相处时感受到的更重要、更强烈。这是介乎两种状态之间的感觉：这个地方让你觉得舒适，让你觉得对当地社区有融入感。尽管咖啡本身确实是身体温暖和社会温暖之间的桥梁，但"Native"这样的地方更像是某个门户，能帮你与哈勒姆这个地方建立联系。

幸好，我的另一半很快就在格勒诺布尔发现了一个叫"Brûlerie des Alpes"的地方，现在，我每周三都去那里工作。实际上，这本书的大部分工作都是在那里完成的。那里的咖啡味道不错，店铺也是家庭经营的。其中的一位经营者朱利安（Julien）还为我推荐过非常好吃的餐厅。他说，法国最好的"酒窖"（"cave à vin"）在沙拉维讷（Charavines），离我住的地方就20分钟的路程。他还和我讨论过法国的经济问题，包括

145

"gilets jaunes"("黄背心"运动)[①]的成员要争取社会公平正义。还有，我——当时准备结婚的我——学到了"单身派对"的一种法语表达：enterrement de vie de garçon/jeune fille（翻译过来就是"年轻男性/女性生活的葬礼"）。

除此以外，我们还能从哪里了解到这样多元的社会信息呢？"Brûlerie des Alpes"和"Native"一样，建立在服务、消费和咖啡共享的基础上，通过温暖身体的饮品传递社会性温暖。这两个地方的社交程度很高，整体很融洽。我认为，这种地方提升、深化、扩展了社会"内涵"，在方式层面，星巴克根本难以企及。这两家咖啡馆将温度调节的物理性、生物性和进化性的根源与文化的茎干、枝叶和花朵交织在一起，是我们渴望的社会温暖的文化表达。只要足够幸运，我们总能遇到。这种多样化社交网络带来了温暖，使我们不必如企鹅一样抱团。

进化也会影响人类

自然选择带来了各种各样值得深究的温度调适现象，我甚至可以说，温度调节的需求是人类之所以为人类的主要驱动力之一。在第5章中，我提到过伯格曼法则，也就是与小型动物

[①] 法国巴黎"黄背心"运动始于2018年11月17日，是法国巴黎50年来最大的骚乱，起因为抗议政府加征燃油税。首日逾28万人参与，持续多日，重创法国经济。

第 ❻ 章　下丘脑之外

相比，大型动物更常出现在远离赤道的地方，体形最大的动物（同一分类单元内）出现在离赤道最远的地方，而体形最小的动物则出现在最靠近赤道的地方。

美国动物学家乔尔·阿萨夫·艾伦于1877年制定的另一条"生态学"法则，进一步支持了伯格曼法则。艾伦提出的法则是，与温暖环境中成长的恒温动物相比，在寒冷环境中成长的恒温动物的肢体和其他身体附件（如口器或性器官）更短。[1] 德国动物学家理查德·海塞（Richard Hesse）也提出了一条法则，对伯格曼法则进行了拓展。海塞于1937年发现，就同一物种的动物而言，与生长在温暖环境中的相比，生长在寒冷环境中的动物心脏与体重的比例更大。这就是所谓的"海塞法则"，也被称为"心脏-体重法则"。

上述三种进化的适应性的法则也适用于人类。举例来说，这些可以用于解释为何东非的马赛人身材尤其苗条，为何普通比利时人与美国亚利桑那州原住民部落的原住民相比更不擅长跳高。当然，身体表面积与体积比，以及心脏大小与身体质量比，并不是人类在温度调节方面的适应能力的仅有表现。我们生理上对热和冷的控制方式不尽相同，男性和女性在应对温度方面的差异很大。事实证明，女性比男性更怕冷的主要因素在于身高。男性通常更高，因此比女性更能节省身体热量。即使抛开性别不谈，在应对寒冷环境时个体的血管收缩程度、基础代谢率和棕色脂肪组织储存量等方面也存在差异。

147

婴儿肥、大脑袋、窄骨盆

人类在进化过程中会呈现出的众多普遍性特征，其中一个解剖学特征通常被称为"婴儿肥"。这一特征与棕色脂肪组织有很大关系。主观上看，婴儿肥是婴儿显得尤为惹人怜爱的特征之一，让我们更愿意将孩子们抱在怀里。因此，这种可爱的特征很可能具有适应性意义。然而，从更客观的角度衡量，棕色脂肪组织占新生儿体重的5%，主要分布在背部，脊柱上半部分到肩膀的部分尤其丰富。[2] 对此，最直接的推论是，体内脂肪的存在有助于避免体温过低的情况，因为脂肪既可以起到保温层的作用，也可以储存能量。正因如此，早产儿通常会迫切需要额外的保暖措施。如果是在医院里，早产儿通常会被安置在保育箱中，毕竟体温过低是引起早产儿死亡的主要原因。"早产儿"不只比足月的或接近足月出生的婴儿体形要小，而且也会更瘦弱。

的确，与其他物种的新生儿相比，足月生产的人类婴儿体形更大，也更胖。化石证据表明，这种区别可以追溯到远古时代。对东非最早出现的人类（现代人类的祖先）来说，这些适应性变化不可或缺。"露西"[①]——320万年前的古人类化石，

[①] 露西（英语：Lucy）是标本 AL 288-1 的通称，为古人类学研究提供了大量科学证据。露西被归类在人族，在阿尔迪被发掘出来之前一直被视为"人类最早的祖先"。

第 ❻ 章　下丘脑之外

40%的骨架属于**阿法南方古猿**（*Australopithecus afarensis*）这一物种——于1974年在埃塞俄比亚的阿瓦什河（Awash River）被发现。2015年3月，研究人员在同一地区发现了一块280万年前的古化石，认为其是某个**人类**（*Homo*）个体的下颌骨。这个人类物种与现代人类，也就是**智人**（*Homo sapiens*），同属一种。沙漠的白天炎热异常，在适应过程中，**人类**的大部分体毛消失，从而可以在高温环境中生存。然而，干燥的沙漠昼夜温差很大，失去体毛于在沙漠寒夜中的生存并无助益。婴儿肥和相对较大的体形是进化适应的结果，以节省热量为目的，有助于弥补体毛尽失所带来的诸多不利。[3]

与最近的祖先**尼安德特人**（*Homo neanderthalensis*）的大鼻子和大鼻腔一样，婴儿肥和体形的适应，并不足以提供完整的温度调节性生存方案。因此，进化还选择了更大的大脑（尤其是大脑皮层）。认知能力的强化让**人属**成员更为优秀，可以提前对用于体温调节的行为进行计划：寻找新的庇护所、收集火源燃料、狩猎以获取食物储备及兽皮衣服等。较强的脑力增强了人类的能力——为了更好控制冷热，他们建立了代谢预算。执行计划需要大量活动，因此，人类逐步发展到比其他物种更为活跃的状态。[4]大脑越大，活动就越多，这反过来促进了自然选择：体积更大、功能更强的大脑出现了。

当然，体温调节并非推动较大大脑出现的唯一适应性优势，也并非内温动物与外温动物进化演变的唯一因素。我们可以推测,体温调节是内温动物进化的主要因素,但尚没有确凿的证据。目前的主流观点是,朝向内温动物的进化与有氧代谢带来的高度活跃性发展最直接相关。[5] 然而,除去其他方面,高度活跃性也是对体温调节这一压力的合理反应。

一如往常,科学尚没有足够数据得出明确结论,只能说从遗传和文化的角度看,进化不仅极度复杂,而且虽然变化速度缓慢,但确实多变无常。举例来说,曾有一段时间,很多研究人员就很想得出结论,称两足行走作为人类及其较近祖先的显著特征之一,是对体温调节需要最直接的进化反应。彼得·E.惠勒(Peter E. Wheeler)在1991年的一篇论文中指出,"在非洲大草原上,对这种大脑较大的灵长类动物来说,两足行走赋予其在体温调节方面的优势,是其采用不同寻常的地面运动方式的重要因素"。他还列举了"阳光辐射的显著减少"以及"身高变化带来的体表面积分配优化"等其他优势。由于近地风速更大,气温更低,直立的两足动物凭借对流拥有更高的散热率。在地表植被之上,气流的增加及相对较低的湿度可以促进汗水的蒸发,由此提高散热效率。

如今,大多数研究人员都会轻描淡写地指出,体温调节与两足动物进化之间存在因果关系,但他们也指出,两足直立的自然选择也有与体温调节相关的其他结果,尤其是能提高散热效率的体毛退化现象。[6] 骨盆变窄也与两足直立运动有关,它有利于更有效地利用两条腿走路。运动效率的提高缘于活动的增

第❻章 下丘脑之外

加,这些活动既包括体温调节方面的,也包括针对栖息地季节变化或其他变化的冷热计划活动。值得注意的是,骨骼化石表明,尼安德特人新生儿的身体和头部大小,与现代人类新生儿的非常相似。

这似乎意味着对尼安德特人来说,分娩并不比现代人类更轻松。有些研究人员得出结论,这一解剖学层面的事实是遗传进化的产物,对助产士等的需求也自此产生——这是基本的文化/社会创新。然而,骨盆形态的变化发生在 20 万年前非洲和中东地区的**人类**中。对化石人的研究表明,如果处在相对温暖的气候中,包括非洲最早的**人类**在内,人的骨盆宽度要比处在相对寒冷气候中的人更窄。这便是生存压力下,自然选择所造就的矛盾例子之一。尽管较宽的骨盆有助于容纳较大的头部,但较狭窄的骨盆更有助于提高两足直立行走时的效率,也有利于炎热气候中的体温调节。

在更靠近赤道的环境中,气温极高,已经达到需要更狭窄的产道增加散热的地步,但这对生活在距离赤道较远的尼安德特人来说并非必须。居住在赤道附近之人的骨盆进化表现出了形态学方面的折中。产道的空间沿前后纵向有所增加,但宽度变窄,由此,头部更大的婴儿虽可通过,但经过产道时要颇费一番周折。生活在更新世欧洲的尼安德特人尽管出现的时间比热带人类祖先要晚,且骨盆较宽,但其解剖结构仍反映出产道形态在进化方面的更早折中版本。尼安德特人的助产士,在迎接新生儿降临的过程中很可能不可或缺。[7]

骨盆变窄的进化可能也与婴儿出生后大脑发育的必要性有关。人类的婴儿无法照顾自己，需要母亲以及他人的密切关注、喂养和其他照顾。这不只是关乎即时的生存问题，也是未成熟的大脑准备参与子宫外文化和环境的一种方式。因此，从很大程度上我们可以说，实际上将新生儿带入世界的是遗传进化。而在这个世界中，文化进化将发挥巨大的形成性作用。

温度调节奠定了文化构建的基础

在人类等大型哺乳动物中，恒温性——维持稳定的、最适宜的体温——是身体健康的标志。只有营养充分、水分充足、精力充沛的动物才会具有恒温性。这些条件反而表明动物对环境挑战做出了最佳适应。与之相反，异温性表示健康状况较差，营养与水分不足，意味着个体不能维持"正常"体温，对环境挑战的适应不够好。这种个体的生殖成功率比体温较恒定的动物更低。因此，基因库更倾向于将异温性个体的基因剔除，其非适应性的遗传特征将随着进化的发展逐渐消失。

我们有理由相信，人类在进化方面的近亲尼安德特人身上也表现出了适应的特征，尤其是对更新世欧洲寒冷环境的适应。在1952年发表的一篇论文中，美国人类学家弗朗西斯·克拉克·豪威尔（Francis Clark Howell）提出，尼安德特人的面

第 ❻ 章 下丘脑之外

部特征明显是对温度调节的适应,尤其是其有助于将吸入的空气变热的大鼻子和大鼻腔。其他人随后将之称为"鼻腔辐射假说"。[8]他们认为,突出的鼻子和较大的鼻腔会将吸入的空气加热,进而起到保护大脑的作用,使之免受低温伤害。尼安德特人的另一项适应措施是增加活动量,这尤其有助于产生更多的身体热量。在这种情况下,突出的鼻子和较大的鼻腔可能会通过在寒冷、干燥的环境条件下最大限度地减少呼吸水分的流失,使人们在剧烈运动时保持面部凉爽。尼安德特人的胸腔很大,有助于个体产生热量,但不利于保存热量。较大的胸腔是矮壮身体的一部分,从解剖学上看,这种适应对体温调节和力量增强有益,但如较大的鼻子和鼻腔一样,本身并不足以在不增加活动量的情况下,于寒冷环境中维持适宜的体温。

超高的活动水平是人类与其他物种相区别的特征之一。如果尼安德特人没有在解剖结构方面发现的多种适应性组合,进而完全适应更新世欧洲寒冷的环境(特别是冬天的环境),那么他们就可能永远无法发明制衣等技术,也无法创造将生物进化带入文化进化范畴的可控火种技术。按照史蒂文·E. 丘吉尔在 2006 年的一篇论文中所称,"尼安德特人的下临界温度(人类裸体时必须通过增加内部热量以保持热量稳定的温度),(估计)为 27.3℃,而现代人类的则是 28.2℃。因此,从形态学角度看,如果没有文化的缓冲,尼安德特人似乎很难做到在冬天保暖"。[9]

由此可知，似乎**尼安德特人**才是**智人**之前"发明"温度调节文化的物种之一。但如果包括大脑在内的中枢神经系统没有在意义重大的进化性适应方面做出如此发展，这一点就无法实现。如果在整个过程中，文化进化选择遗传进化的终止之处作为起点，那么它必然是由遗传进化而来。此外，遗传进化也不会因为人类发明了文化、创造了分担（固有及普遍的）温度控制的技术而消失。在进化的现阶段，文化产生了最明显，或者说最重大的影响，但遗传进化的压力依然存在。不过，文化仍需要另外的条件：复杂且较大的大脑。

进化打造了层叠结构

归根究底，社会性温度调节带来的最重要的经验之一是，与大多数认知导向的理论（或其他基于文化的理论）相比，遗传（生物驱动）进化应得到更多重视。在我最初研究社会性温度调节时，涉足该领域的人认为，人类行为单单依靠某种形式的认知启动即可激活，比如有的实验中，受试者要阅读填字游戏中的几个词等。这让我有些抓狂。因启动研究而提出的推论中包括这一项：构建一个完整文明的基础是，对调节温度的基本生物学机制的初步认识。但事实不是这样的。由进化而来的大脑要复杂得多。简而言之，我们出生时就已经从生物学方面准备好要参与到文化中了。自然选择产生了有层次结构的中枢

第 ❻ 章　下丘脑之外

神经系统，新的大脑区域叠加在旧的区域上（而非取而代之），为更好地控制各种方面（如体温调节等）做好了铺垫。

1978年时，我在生理学家伊芙琳·萨蒂诺夫的一篇文章中第一次看到了这个观点。萨蒂诺夫认为，进化将较新的功能，比如控制社交互动的功能，叠加在较早出现的功能（比如身体调节功能）上。[10]在这篇文章中，她请读者们优先考虑这一点：生物能够体察温度，能够进行某种形式的温度调节行为。在进化过程中，生物发展出了另一种温度调节行为，刺激了与第一套系统并联的另一套集成系统的发展。进化持续进行，爬虫类动物改变了其姿态，拔高了从前像蛇一样贴地爬行的姿态。动物内部产生代谢热量能力的发展，引起了从外温动物到内温动物的进化。随着这种能力逐渐增强，感受并调控内部热量产生的附加系统也随之发展。进化还在继续，更高级的运动形式及热量调节形式不断出现，因而更为复杂的神经系统也不断发展，使多种形式的动机行为逐渐得以组织。

萨蒂诺夫认为，进化不应承担"毫无必要的繁重"任务，因为已有的机制已经足以解决问题，所以无须打造全新的机制。相反，新机制会叠加覆盖在旧机制上。由此，相互叠置的集成部分会逐渐形成层次结构，打造一套真正的"温度调节反应分层结构，实现对热中性区越来越精细的调控"，即在一定环境温度范围内，恒温动物可以在最低限度的新陈代谢调节下保持体温。

通过萨蒂诺夫的论文，我了解到了进化层叠的理论。迈克尔·L.安德森写于 2010 年的文章，提出了更具有说服力的证据，支持"神经重用"理论，即更新的功能，比如管控社会互动的功能，会运用到之前的机制，如体温调节等。[11] 他所做的支撑性贡献以很简单的假设为基础。如果更新的任务会使用之前的大脑机制，那么你就可以做出很简单的预测：脑部活跃的位置与进化阶段中该机制形成之处相关。也就是说，诸如体温调节等较早形成的机制集中在大脑的后部，比更靠前的机制更早进化；与之相较，较晚出现的进化性任务，如社交互动，则更广泛地分布在整个大脑中，包括最晚进化出的额叶区域。尽管安德森的关注点并非集中在体温调节上，但他提供的证据表明，体温调节和类似的神经过程都以生物学，而非文化上的概念隐喻功能为基础。

抱团为文化奠基

对婴儿来说，皮肤间的接触和社交网络多样性之间存在诸多联系。有些表现在文化方面，很难准确定义。我在蒂尔堡大学的同事 K. A. 索丹和其合著者计算过，从 1871 年到 1987 年，对**文化**一词的定义多达 128 种。[12] 著名的文化心理学家哈里·C. 特里安迪斯发现，各种各样的定义之间有重叠之处，他将文化描述为"人与环境之间适应性互动"中出现的内容，包括"跨时期、跨代际（传输）的共享元素"。[13]

第 ❻ 章　下丘脑之外

或许，除了将抱团的机制传递给下一代之外，南极企鹅还会采取效果等价的措施。（即便如此，谁又可知？）企鹅会花费约 38% 的时间抱团，所以每只企鹅都可以减少约 16% 的新陈代谢，节约能量，大大减少对脂肪组织的需要。[14] 在上调体温方面，抱团比发抖更为有效。此外，这对人类来讲是一座通往文化及其他温度调节方式（比如可靠的室内供暖）的桥梁。即使家里有实用的壁炉或火炉，抱团仍可作为一种取暖的方式。毫无疑问，在不提供集中供暖的文化或环境中，抱团仍行之有效。

一次一起抱团的企鹅可达成百上千只。对人类而言，抱团通常限于家庭内部，人数通常不会超过家人的数量。但关键在于，最有效率的抱团不仅仅是两个人的拥抱。除了数量众多，企鹅和人类的抱团还涉及两个相同的基本原则。首先，必须有一个促使成员为共同目的而合作的社会组织存在。如果企鹅和人类决定不采用抱团的方式，而是每个个体各行其是，那么这种分担体温调节的方法便不再可行。其次，对企鹅和人类来说，抱团在热量生成、热量保存方面运用的机制基本相同。对于每个个体而言，通过物理上的接触，减少了暴露于环境中的范围。

显然，人们的社会性温度调节已经发展到企鹅远不能及的水平，这便是文化元素出现的起点。企鹅群体中，用于抱团的个体数量至关重要。抱团的企鹅越多，对温度调节的分担就越有效。然而，正如我们已知的，对成年人而言，社交网络多样性对社会性温度调节的影响比其体量更为重要。

我已经在第 5 章承认过，论及依恋，婴儿期和成年期之间发生的种种，我们目前"尚未完全认识"。众多迹象表明，社会性温度调节对这一过程的展开非常重要。我们在第 5 章中已经说过，社会性温度调节的欲望与一个人是否愿意向伴侣坦诚地探讨心事有关。此外，瑞典卡罗林斯卡学院（Karolinska Institute）的研究人员发现，与照料者的皮肤接触会令外周体温升高，这一点和企鹅抱团得到的结果一样。实际上，皮肤接触产生的温度，甚至比裹上多层衣服产生的温度更高。[15] 最后，鲁思·费尔德曼及其同事的研究表明，生命初期的皮肤接触对之后生活中情绪调节能力的发展非常重要。[16]

的确，很多社会性温度调节、情感调节和文化调节的机制尚没有得到清晰的解释。但是，如果要得到令人信服的主观证据，证明多样化社交网络的重要性，则可以在寒冷时节走入"Native"或"Brûlerie des Alpes"，点一杯热咖啡，在"gezelligheid"（舒适的环境）中享用。我保证你肯定会觉得暖和多了。从某种程度上说，这种感觉可以归因于咖啡的实际温度，但这也是某种沟通感（对社交网络的探知）发挥的作用——它借由和其他人在温馨的环境中相聚得来。

扩展思维

至于体温调节，社交行为本身并不能将人类与其他动物做

第 ❻ 章 下丘脑之外

出绝对区分。工具的使用或文化亦是不能。很多动物都能超越自身体温调节机制的局限性，保持恒温性。它们只是将环境作为一种工具，扩展调节能力。举例来说，猫如果觉得冷，就可能会找一片有阳光的地方晒太阳，但如果觉得热，就会寻找阴凉处。为了应对草原栖息地夏日时节的酷暑和深冬时节的严寒，草原旱獭会开挖洞穴。草原旱獭的洞穴通常很长，达 16 英寸至 33 英寸（5 米至 10 米），深度通常为 6.6 英寸至 10 英寸（2 米至 3 米）。这是与环境元素隔绝的有效方式。冬日里，洞穴温度可以保持在 41°F 至 50°F（5°C 至 10°C）；夏天时，洞穴温度则会保持在 59°F 至 77°F（15°C 至 25°C）。利用这些温度调节工具，可以极大扩展草原旱獭在栖息地的生存范围。

早至查尔斯·达尔文（Charles Darwin）1871 年的《人类的由来》（The Descent of Man），研究人员就已经描述了动物使用工具的例子（尽管自然主义者一直在争论对"工具"的定义，进而争论何种动物行为可以被描述为对工具的真正使用）。[17] 我认为，工具是可以有目的地实现目标的东西，比如防止过热或过冷的保护。工具并不局限于棍棒或岩石等物体，而是可以有目的地操控运用的物体。认为动物可以通过某种方式使用工具的人，并不赞同传统的观念，即不认同使用工具是区别人类与其他动物的高度认知行为之一。我认可对工具范围的广义定义，我们借此可以观察到，人类并非唯一可以使用工具实现体温调节的动物。

对人类而言，工具以及工具使用通常具有社会维度的意义。

159

它们可以通过企业合作生产，其正确用法可以通过学校教育、学徒制度或其他训练等社会性手段得以教授。然而，使用工具并不一定是某种社会性行为。用石头砸开螃蟹并不需要经过猕猴委员会决定。有些动物，包括人类在内，会使用工具取暖或降温，所以说人类和其他动物也会通过特定的社会性温度调节减轻个体的体温调节负担。

更分明的区别或许存在于语言使用中。语言可以通过简化外部世界，赋予自己无限计算能力的方式，改变人类的生物学和认知能力。借助语言，我们可以更好地控制情绪，也可以致力于发展长期的伴侣关系（如是否采用一夫一妻制）。人类可以运用语言解决复杂的问题，更准确地预测天气就是例证之一。[18]回顾前两章的研究，我们请处在温暖或寒冷房间中的受试者回答，自己觉得与他人有多亲近。在与之相关的研究中，我们请受试者描述社交情况。研究发现，在温暖的（相较于寒冷的）环境中，受试者会更多地使用动词，而非形容词。[19]当然，动词与动作、行为有关，会对世界有所影响。它们本质上就具有社会性，而形容词表示的则是个体属性。因此，按照认知科学家安迪·克拉克所言指，语言"扩展了思维"。[20]

莱考夫和约翰逊与进化

我们在第 2 章中讨论了语言使用和文化的融合。乔治·莱

第 ❻ 章 下丘脑之外

考夫和马克·约翰逊在《我们赖以生存的隐喻》一书中指出，我们的思想，包括人际关系，在很大程度上由"概念隐喻"塑造——甚至可以说由其决定。他们认为，在温度调节方面尤其如此，还提供了客观事实，证明"'温暖如情感'是普遍存在的隐喻"这一命题。[21] 佐尔坦·科维塞斯在 2005 年出版的《隐喻与文化》中，也提到了类似的观点："从隐喻的角度看，我们将情感视作温暖……这与童年的经历有关，父母深情的拥抱和随之而来的舒适的身体温暖之间存在联系。这让我们有了'概念隐喻'，即'情感即温暖'。"[22]

这种理论的奇怪之处在于，莱考夫和约翰逊认为"情感即温暖"是普遍隐喻，而非自然隐喻。乍看之下，对几种语言的粗略研究似乎证明了，这种隐喻确实是普遍的。在巴基斯坦开伯尔-普赫图赫瓦省，大约有 10,000 人使用帕鲁拉语（属于印度-雅利安语支）。在这种语言中，"táatu híṛu"的本意是"暖/热的心"，隐喻"慷慨大方"。[23] "senyum yang meng-hangat-kan dada-ku"表示"使我内心感到温暖的微笑"。[24] 这些语言不仅彼此不同，而且与将温暖用作情感隐喻的西方语言也有很大不同，所以我们倾向于认为"情感即温暖"的隐喻应该是种普遍隐喻。2010 年时，我在自己的博士论文中提出了这一假设，认为以少量信息为基础，上述隐喻是普遍的。

可我（再一次）错了。

我的朋友兼同事玛利亚·科普杰卡加-塔姆是一名语言学

家。她编辑了一本关于温度隐喻的绝妙好书。[25] 在这一主题上，她比我成功很多，因为她认识到，要想得到"通用"的结论，就必须系统研究大量语言样本，最好是来自不同语系的。玛利亚——朋友们都叫她玛莎——研究了84种语言，其中很多都来自她编辑的那本书。她还补充了其他语言学家提供的少量例子。

事实证明，在表达温度方面，并非每种语言都有相同的种类。表达温度时，有些语言用两种术语——温暖和冷，有些用三种——温暖、热和冷，还有些更多。在一些语言中，温暖和热并不相同。很多语言用温暖表示情感，但一些语言中则没有这种隐喻。在玛莎选取的84种语言中，32种都没有"情感即温暖"的隐喻，且我们在英语（举例而言）中对温暖和热所做的区分，在大部分语言中都没有出现。

如果检视数量足够多的样本，你就会发现，**温暖**作为情感表达的用法主要出现在欧亚语言（尤其是欧洲语言）中。此外，在选取的某些语言中，"情感即温暖"的隐喻表达似乎是从其他语言中借用而来的。有意思的是，英语中的**热**（hot），代表了强烈或危险。**热**或许会用于表达过度的情绪、极大的渴望、殷切的热忱，以及性欲、愤怒、肢体暴力和危险魔法等与强烈情感有关的内容。比起"将**温暖**视为情感"的表达，更多语言会使用**发热**（heat）来表达愤怒。在一些语言中，**冷**表示冷静、平和、客观现实或理性。在有些语言中，温度可以用作不同情感状态的描述性隐喻，但即便如此，论及"情感即温暖"这种假定的普遍性时，**温暖**所表达的特定温度区间也不一定可以用来度量情感。接下来，我们可以参阅以下表格，概览玛莎选取的语言。

表 2　不同语言中情感与温暖的关系（中英对照）

母语 / 语系	语言	情感？	地域	温暖 = 热？
印欧语系 / 日耳曼语族	丹麦语、荷兰语、英语、德语、瑞典语、冰岛语	是	欧洲	否
印欧语系 / 斯拉夫语族	波兰语、俄语、塞尔维亚语、乌克兰语	是	欧洲	否
印欧语系 / 波罗的语族	立陶宛语、拉脱维亚语	是	欧洲	否
乌拉尔语系 / 芬兰-乌戈尔语族	芬兰语、匈牙利语	是	欧洲	否
乌拉尔语系 / 芬兰-乌戈尔语族	科米-彼尔米亚克语	是	乌拉尔山脉、俄罗斯	否
乌拉尔语系 / 芬兰-乌戈尔语族	汉特语	是	西伯利亚 / 俄罗斯	否
阿尔泰语系 / 突厥语族	土耳其语	是	土耳其	否
阿尔泰语系 / 突厥语族	巴什基尔语	是	巴什科尔托斯坦共和国、俄罗斯	否
阿尔泰语系 / 蒙古语族	喀尔喀蒙古语	是	蒙古	否
日琉语系	日语	是	日本	否
汉藏语系 / 汉语	普通话、粤语	是	中国	否
南岛语系	印度尼西亚语	是	印度尼西亚	否

（续表）

母语/语系	语言	情感？	地域	温暖=热？
阿尔吉克语系/阿尔冈昆语族	东欧及布威语	是	美国中西部及加拿大中部	否
印欧语系/意大利语族	拉丁语	否	意大利	否
孤立语言	马普切语	否	智利中南部及阿根廷西南部	否
玛雅语	尤卡坦玛雅语	否	墨西哥	否
欧托-曼格语系	森松特佩克-查蒂诺语	否	瓦哈卡东南部、墨西哥中南部	否
尼日尔-刚果语族/古尔语支	古尔马语	否	加纳、布基纳法索	否
印欧语系/希腊语	现代希腊语	是	希腊	是
印欧语系/罗马语族	意大利语、法语	是	欧洲	是
印欧语系/伊朗语支	波斯语	是	伊朗	是
印欧语系/印度-雅利安语支	帕鲁拉语	是	巴基斯坦	是
印欧语系/印度语	马拉地语	是	印度	是
印欧语系/亚美尼亚语	亚美尼亚现代中西部语	是	亚美尼亚	是
乌拉尔语系/萨莫耶德语族	恩加纳桑语	是	西伯利亚/俄罗斯东北部	是
印欧语系/希腊语	古典希腊语	否	希腊	是
汉藏语系/汉语	茶堡话	否	中国（四川）	是
南岛语系/西北苏门答腊语支	尼亚斯语	否	印度尼西亚	是
印欧语系/基于德语的克里奥尔语	比斯拉马语	否	瓦努阿图	是

第 6 章 下丘脑之外

（续表）

母语 / 语系	语言	情感？	地域	温暖 = 热？
南岛语系 / 大洋洲语族 / 南美拉尼亚语	哈拉楚语	否	新喀里多尼亚	是
南岛语系 / 大洋洲语族 / 北瓦努阿图	18 种不同语言	否	瓦努阿图北部	是
巴布亚语 / 帝汶-阿洛-潘塔尔语支	卡芒语、阿布伊语	否	阿罗岛、印度尼西亚东南部	是
巴布亚语 / 泛新几内亚 / 安加语系	门雅语	否	巴布亚新几内亚	是
非帕玛-努干语系 / 贡温古语系	达拉邦语、比尼-群翼谷语	否	澳大利亚	是
爱斯基摩-阿留申语系 / 因纽特语	西格陵兰语	否	格陵兰	是
太平洋沿岸阿萨巴斯坎语支 / 北阿萨巴斯语	科育空语	否	美国阿拉斯加州	是
基奥瓦-塔诺安语系	亚利桑那州特瓦族语	否	美国亚利桑那州	是
犹他-阿兹特克语系 / 努米克语	西莫诺语	否	美国加利福尼亚中部	是
博拉语族	博拉语	否	秘鲁	是
阿非罗-亚细亚语系 / 闪米特语支	阿姆哈拉语	否	埃塞俄比亚	是
尼日尔-刚果语族 / 克瓦语	埃维语、塞勒厄语、阿坎语、加语、里克皮语、约鲁巴语	否	加纳、布基纳法索、多哥、尼日利亚	是
尼日尔-刚果语族 / 古尔语支	卡瑟姆语、布利语、达加拉语	否	加纳、布基纳法索	是

（续表）

母语 / 语系	语言	情感？	地域	温暖 = 热？
尼日尔-刚果语族 / 阿达玛瓦-乌班吉语	格巴亚语	否	中非共和国	是
尼日尔-刚果语族 / 大西洋语支、曼迪语支	沃洛夫语、曼丁卡语	否	塞内加尔	是

Stock /Family	Language	Affection?	Location	Warm = Hot?
Indo-European(IE)/ Germanic	Danish, Dutch, English, German, Swedish, Icelandic	Yes	Europe	No
IE/Slavic	Polish, Russian, Serbian, Ukrainian	Yes	Europe	No
IE/Baltic	Latvian, Lithuanian	Yes	Europe	No
Uralic/Finno-Ugric	Finnish, Hungarian	Yes	Europe	No
Uralic/Finno-Ugric	Komi-Permyak (koi)	Yes	Ural Mountains, Russia	No
Uralic/Finno-Ugric	Khanty (kca)	Yes	Siberia/Russia	No
Altaic/Turkic	Turkish	Yes	Turkey	No
Altaic/Turkic	Bashkir	Yes	Bashkortostan, Russia	No
Altaic/Mongolian	Khalkha Mongolian	Yes	Mongolia	No
Japonic	Japanese	Yes	Japan	No
Sino-Tibetan/ Sinitic	Mandarin, Cantonese	Yes	China	No
Austronesian	Indonesian	Yes	Indonesia	No
Algic/Algonquian	Eastern Ojibwe	Yes	Upper MW USA and C Canada	No
IE/Italic	Latin	No	Italy	No
Isolate	Mapudungun	No	SC Chile and SW Argentina	No

第 ❻ 章　下丘脑之外

（续表）

Stock /Family	Language	Affection?	Location	Warm = Hot?
Mayan	Yucatec Maya	No	Mexico	No
Otomanguean	Zenzontepec Chatino	No	SE Oaxaca, SC Mexico	No
Niger-Congo/Gur	Gurenɛ	No	Ghana, Burkina Faso	No
IE/Greek	Modern Greek	Yes	Greece	Yes
IE/Romance	Italian, French	Yes	Europe	Yes
IE/Iranian	Persian	Yes	Iran	Yes
IE/Indo-Aryan	Palula	Yes	Pakistan	Yes
IE/Indic	Marathi	Yes	India	Yes
IE/Armenian	Mod. E. Armenian	Yes	Armenia	Yes
Uralic/Samoyedic	Nganasan	Yes	Siberia/NE Russia	Yes
IE/Greek	Classical Greek	No	Greece	Yes
Sino-Tibetan/ Sinitic	Japhug	No	China (Sichuan)	Yes
Austronesian/ NWSumatra-Barrier Islands	Nias	No	Indonesia	Yes
IE/Germanic-basedCreole	Bislama	No	Vanuatu	Yes
Austronesian/ Oceanic/Southern Melanesian	Xârâcùù	No	New Caledonia	Yes
Austronesian/ Oceanic/NVanuatu	18 different languages	No	N Vanuatu	Yes
Papuan/Timor-Alor-Pantar	Kamang, Abui	No	The island Alor, SEIndonesia	Yes
Papuan, Trans-New-Guinean/ Angan	Menya	No	Papua New Guinea	Yes

167

（续表）

Stock /Family	Language	Affection?	Location	Warm = Hot?
Non-Pama-Nyungan/ Gunwinyguan	Dalabon, Bininj,Gun-Wok	No	Australia	Yes
Eskimo-Aleut/Inuit	W. Greenlandic	No	Greenland	Yes
Athabascan-Eyak-Tlingit/ N Athabaskan	Koyukon	No	Alaska, USA	Yes
Kiowa-Tanoan	Arizona Tewa	No	USA, Arizona	Yes
Uto-Aztecan/ Numics	Western Mono	No	USA, Central California	Yes
Boran	Bora	No	Peru	Yes
Afro-Asiatic/ Semitic	Amharic	No	Ethiopia	Yes
Niger-Congo/Kwa	Ewe, Sɛlɛɛ, Akan, Ga, Likpe, Yoruba	No	Ghana, Burkina Faso, Togo, Nigeria	Yes
Niger- Congo/Gur	Kasem, Buli, Dagaara	No	Ghana, Burkina Faso	Yes
Niger- Congo/ Adamawa-Ubangi	Gbaya	No	Central African Republic	Yes
Niger- Congo/ Atlantic, Mande	Wolof, Mandinka	No	Senegal	Yes

由此，我们完全可以得出结论，人类不会普遍地通过温暖的概念隐喻感知到社会或情感上的温暖。显然，这并不意味着某些人如果没有以隐喻的方式将温暖及社会温暖与情感相联系，就无法感受到温暖或社会温暖。他们当然具有这种能力。然而，不言而喻的是，他们并没有以隐喻为工具，将身体对温暖或寒

第❻章 下丘脑之外

冷的感觉转化为对社会环境的冷或热的概念表达。

根据科普杰卡加-塔姆基于大量语言样本获得的数据,我们知道,人类文化在"情感即温暖"方面存在差异。这种差异并不意味着,对只会说西格陵兰语的格陵兰人,或只会说阿姆哈拉语的埃塞俄比亚人来说,温暖与情感之间的联系已经断裂。无论是塔姆还是我,抑或是众多其他研究者——包括约翰·鲍尔比、玛丽·安斯沃思和哈里·哈洛——都观察到婴儿期的依恋、社会性温度调节与成年期的社交依恋之间存在联系。如果因为西格陵兰语和阿姆哈拉语没有在温暖与情感间建立隐喻,就认定说这些语言的人注定会没有依恋,且生活中没有情感,那肯定是荒谬无比的。事实极有可能是,体温调节并非依恋唯一的驱动力。

莱考夫和约翰逊在《我们赖以生存的隐喻》一书中提出的概念隐喻理论由此受到挑战,因为"情感即温暖"并非在所有文化中都普遍存在。正如我们在第 2 章看到的,概念隐喻理论与网络掷球游戏研究以及该章中其他研究的结果相矛盾。此外,如果要运用概念隐喻理论,那么概念隐喻必须是普遍的,而非天生固有的。尽管无须只用语言进行表达,但隐喻在大量语言中的缺席,似乎与普遍性的基础理论相背离。简而言之,从萨蒂诺夫和安德森那里,我们得知,这并不是大脑发挥作用的方法。此外,我们还看到,社交行为发挥作用的方式也并非如此,且语言中根本没有任何迹象表明概念隐喻理论是正确的。

由目前关于恒温性内温动物的一切研究成果可知，对社会性温度调节的需要既是普遍的，也是天生固有的，这源于多年复杂的进化发展（很可能就是由萨蒂诺夫描述、安德森细化的层叠过程）。

下丘脑之外

或许，有些读者会认为，本章的标题"下丘脑之外"（not by hypothalamus alone）参考了《马太福音》（4:4）和《路加福音》（4:4）的经典表达"人活着不是单靠食物"（Man does not live by bread alone）。但这并非我本意。其实，这是对2005年环境科学家彼得·J. 里克森和人类学家罗伯特·博伊德合著之书的致敬——《基因之外》（*Not by Genes Alone*）。[26]

里克森和博伊德首先观察到，尽管在很多方面与其他哺乳动物类似，但人类已经进化到与之有本质区别的地步。大多数相似之处显而易见，但有些相似之处——例如所有企鹅都将抱团当作一种社会性温度调节方式——则令人意外。里克森和博伊德领会了人类与其他动物之间真正意义上的行为差异，这尤其体现在文化创造者——社交行为——上，它才是真正将人类与世界上其他动物区分开来的因素。

里克森和博伊德那本书的副书名是"文化如何改变人类演化"，这就引出了文化与人类进化之间一个耐人寻味的观点。

第 ❻ 章　下丘脑之外

不过，我们暂时不能忽略主书名——"基因之外"，这显然意味着人类进化可能并非完全基于遗传，但我们知道，无论如何，遗传都是进化极大的驱动力。人类经过进化，已经变得比其他动物更为活跃，大脑占身体质量的比重也远超其他动物。此外，相对于整个大脑来说，人类的脑干（"高级大脑"）也是所有哺乳动物中最大的。"冷却"大脑迫在眉睫，此外，人类大脑在进化过程中的增大，可能得益于 3,200 年前全球性的温度降低。

人类几乎可以适应所有栖息地，这种能力的提高显然与认知能力的提高有关。这也是人与人之间存在个体差异的原因。气候适应的范围非常广泛，是生物进化与文化进化相结合的结果。人类已经发明了相当一部分有助于生存的工具和方法——这种发明还将继续。如果每个人都独来独往，那我们就无法拥有现下各种称手的发明。技术的多样性（为人类带来更广泛的适应范围）需要极为多元的社交网络。区分人类与其他生物的另一特征就是社会、文明及文化的规模、复杂程度及其合作的本质。

目前为止，我已经在本书中反复提到了生物学进化与文化进化的一些疑似交叉之处。里克森和博伊德认为，两种形式的进化在人类身上并没有体现出清晰的分界，也没有绝对明确的路标划定"此地为生物学领域，彼地为文化领域"。我之前反对过的是传统的笛卡儿身心二元论，里克森和博伊德反对的则是先天禀赋与后天抚养之间的传统二元论。他们认为生物学进化到文化进化的过程并不是单向的：文化进化最终会影响自然选择，因此有助于塑造以基因为基础的进化。因此，文化既不完全是人类特有基因的产物，也不完全是人类以自然进化为基础偶然建立的东西。里克森和博伊德将人类独特的文化、社交和技术行为描述为一种进化性适应，如用两条腿行走一样。很关键的一点是，我们要理解，虽然行为是进化的产物，大概和两足动物的运动一样，但行为的产物——从水暖到政治——并不是基于遗传进化的简单的、直接的产物。实际上，这些都是遗传进化与文化进化复杂互动的结果。

互动的结果如何？如今，几乎没有人生活在自然原野中，更不用说是完全被大自然包围的环境中——"自然状态"不受文化干预和人为现象的调节。里克森和博伊德提出，自然环境和文化环境都会通过自然选择，影响人类群体中个体的生存。因此，两种环境都会影响代际相传的基因。由此可见，"自然"选择不仅受到自然环境的影响，也受到文化环境的影响。这种主张的终极认知是，在温度调节方面，文化植根于人类生物学，这是这个理论主张中最为关键的一点。

让我们再次将目光放在企鹅朋友们身上。企鹅的合作性社会行为有助于抱团，抱团是为了分配维持内温性内稳态的负担。大多数人都可以毫不犹豫地得出结论，社会性温度调节是生物学进化适应的例证。企鹅的抱团行为很容易被当作直接"植根

第❻章 下丘脑之外

于"遗传进化的社会行为，因为这一行为尽管具有社会性，但并不需要复杂的文化（比如宗教或国家的作用），也不需要惊人的技术发明（例如互联网）。虽然企鹅卓别林式的行为方式通常看似快乐的人类，但它们并没有设立议会、构筑城市、发明互联网，也没有使用约会软件，左右滑屏寻找抱团取暖的另一半。此外，企鹅也不太可能会发明能够提升体温、替代抱团方式的手环。人类文化十足的复杂性和多样性彻底调节了人类与自然环境的关系，甚至让我们很难认识到，控制家庭供暖和空调系统的250美元的"智能"恒温器，其实与我们所谓的"自然选择"的必要基因进化有莫大的渊源，且这种渊源从未间断。

如果你难以看出人类文明的现代化表现与最原始的生物进化之间的联系，那么可能也很难接受现代化表现或许会影响基因这一点。但这正是里克森和博伊德提出的观点。促使集中供暖出现的文化实践，也包括其最新的数字技术和人工智能方面的升级，它们不仅植根于生物进化，也会在持续性的进化过程中影响基因组成。我承认这种观点很是复杂。实际上，我认为我们对此的了解尚不足够证明结论。除了这些需要注意的地方，很有可能出现的情况是，随着时间的流逝，在集中供暖或其他制冷制热技术手段成熟齐全的环境中生活，显然会影响人类彼此之间的关系。反过来，人际关系对于塑造我们代代传递基因的行为来说相当重要。

173

从基因到咖啡再到技术

1593 年，伽利略发明了温度计。由此，温度计可以用于测量人体温度。这是威尼斯医生圣托里奥（Santorio Santorio）在其 1614 年出版的《静态医学》(*Ars de Statica Medicina*)中首先阐述的。圣托里奥的书已经重印、再版过多次，历代医生也都读过多遍。这本书详细解释了体温量表的用法，方便医生将之与患者的体温做比较。显然，体温是生理学的重要组成部分，是健康的重要指标。归根结底，医生得出的结论是，健康的体温被限定在非常狭窄的区间内，无论外界温度如何，体温都要维持在这个范围中。借助这一发现，我们可以得知，从认知角度讲，文化的出现基于对温度调节重要性的认识。在查尔斯·达尔文的《物种起源》(*On the Origin of Species*，1859 年)和《人类的由来》(1871 年)出版之后的数年中，对进化论的阐释逐步得到了细化。据推测，内温性（动物通过自身代谢而非依靠环境热量来维持代谢温度的能力）可能是进化实现的重要因素之一。

好吧。但我们是如何走到这一步的？从同床而眠以保持温暖，到创造纷繁复杂的现代社会以保持温暖？

不妨再次简单回顾我最喜欢的两家咖啡店，"Native"和"Brûlerie des Alpes"。这两家咖啡店都让人觉得温暖——既包括社交上的，也包括情感上的，（让我）有圣诞节时与家人相聚

第 ❻ 章 下丘脑之外

的感觉,同时也带给我"融入了当地更大也更亲切的社区"的感觉。两个地方的"gezellig"感觉,因店主的态度和举止、咖啡厅的外观和氛围以及被此地吸引而来的人,而大大增强——来到这里的人各不相同,但都想体会社交温暖,并享用一杯美味的咖啡或香茶。

不要忘记,"Native"和"Brûlerie des Alpes"的核心都在于"热饮",也就是《生活大爆炸》中谢尔顿·库珀所说的"社交礼仪"中不可或缺的灵丹妙药。诚如我们所见,一系列实验,也包括我自己开展的,都确认了一点:只是拿着热饮杯子就能引起具有社交意义的情绪和感觉,且这种情绪和感觉可以被观察到、测量到。如果真像鲍勃·迪伦(Bob Dylan)唱的那样,"不用气象员便知风从何处来",那么不用心理学家告诉你,一杯热咖啡或热茶就能让你感觉良好——至少好过之前。此外,你也不用心理学家、环境学家或者人类学家告诉你这种感觉真实存在——这是生理上的,而不是头脑中的"领航员"道出的。享用最喜欢的热饮,就足以让人心满意足。

这种满足感可能源于对温度调节的基本生物学需求,不过我们可以考虑实现这种满足感所涉及的文化复杂程度,尤其是身处带给人"gezellig"感觉的咖啡馆中时。首先,荷兰或法国的高山地带都不出产茶叶或咖啡豆。大部分茶和咖啡作物都是在远离欧洲的地域中种植的,且通常在偏远的人工种植园。大规模种植茶和咖啡需要高度的社会、商业、经济和技术方面的协调组织。此外,收获后还需要大量加工、制作、包装和运输等工作。实际上,生产、运输、宣传和销售等都是全球化的操作,只有在组织程度最高的文化和最具多样性的社会中才能实现。

要想运营"Native"和"Brûlerie des Alpes"之类的地方,参与进来的人和组织的数量之众难以估计,况且,这些地方还提供产品——不是随便什么产品,而是多种多样且相当美味的产品。整个过程要涉及各种农业、科学和商业的技术,理所当然还有行业之间进行大规模通信和运输时所运用到的技术。由此可见,要想通过茶和咖啡满足调节温度的需求,就需要跨度颇广、极其多样化的社交网络协同运作。

依恋自人出生后立即开始形成,无助的婴儿只能借助这种能力依靠照料者。成年人得以在地球几乎所有角落生活,是因为我们有能力继续形成依恋关系——不仅通过个体之间的直接接触,也通过一种网络,其中的分工细致且复杂,成员可以将自己的各种需求外包或"卸载"给他人。在温度调节方面,这一点尤其真实。在前工业社会中,个体之间通过抱团实现对温度调节的分担。他们可能还会让其他家人收集用于生活的材料,或付出具有交换价值的物品请他人帮忙收集燃料。随着文化日趋技术化,人们设计和构建了更为高效的温度调节方式——比如更实用的室内壁炉、火炉,以及后来复杂的中央供暖系统等。比起加热冷空气的技术,冷却热空气的技术出现得

第 ❻ 章　下丘脑之外

要晚很多。直到 1902 年，美国发明家威利斯·卡里尔（Willis Carrier）才发明了大型电力空调。到 20 世纪中叶，空调才逐渐开始普及。

随着加热技术和冷却技术的发展，燃料供应逐渐发展成一种业务。随着城市化的不断深入，供暖燃料的业务也日渐复杂。燃料竞争愈加激烈，也愈加复杂。工业、以蒸汽为动力的制造业及运输业都要争夺燃料。能源"进化"为主要经济"部门"，对化石燃料的开采和钻探发展成为高风险行业，最终影响到了全球的地缘政治。某个年龄段的人或许还记得 20 世纪 70 年代的"能源危机"，主要由中东地区的石油和天然气生产国组成的强大卡特尔组织——欧佩克（OPEC），以造成石油短缺为由要挟美国及欧洲。吉米·卡特（Jimmy Carter）总统在电视上发表演说，穿着厚羊毛衫的他恳请美国人下调恒温器温度，拧松不必要的灯泡，以节省宝贵的化石燃料能源。

20 世纪 50 年代末，很多先进的国家都会使用当时最先进的能源技术——核裂变——发电，数十年后，这导致了一些近乎灾难性的后果（比如 1979 年发生在宾夕法尼亚州哈里斯堡附近的三里岛核泄漏事故[①]），有的甚至真正导致了灾难性后果（比如 1986 年乌克兰的切尔诺贝利核电站事故和 2011 年日本的福

---

① 三里岛核泄漏事故，是 1979 年 3 月 28 日发生在美国宾夕法尼亚州萨斯奎哈纳河三里岛核电站的部分堆芯熔毁事故。这是美国商业核电历史上最严重的一次事故。该事件被评为国际核事件分级表的 7 个级别中的第 5 级。

岛第一核电站事故）。随后，更为良性的先进能源技术——包括太阳能和风能等——得到应用。随着"智能恒温器"在 2011 年的出现，智能数字技术也在家庭供暖及公司供暖方面小试牛刀。这种方法使用了机器学习算法，学习用户的温度控制习惯，调控室内冷暖，以高效、经济的方式提供舒适的环境。最新一代的智能恒温器还可以通过互联网、无线网络连接响应语音命令，实现远程控制。

如前所述，对内温动物而言，要想生命短时间内不受威胁，温度调节的重要性仅次于氧气。难怪这是婴儿依恋的重要方面，难怪"火的发现"加速了文明的进程。火种早已在世界各地的神话传奇中点燃，其中最为人熟知的是希腊神话：泰坦巨人普罗米修斯从天堂偷来了火种，造福了整个人类。温度调节在生物进化和文化进化方面占据着核心地位。温度调节的问题长存于生物的演化和文明的变迁中，可谓悬而未决的重要议题。即使在当代文明中，温度调节也驱使着地缘政治问题逐渐白热化，并驱动着先进技术不断发展。进化仍在继续，未曾断绝。

基因及文化进化的汇流

毫无疑问，人类的社会性温度调节因文化和名为"技术"的文化产品而不断得以扩展、细化和传播。但与其说文化进化的出现和繁荣是遗传进化的终点，不如说二者像是两条河流，

第❻章 下丘脑之外

在各自的终点合流。遗传进化体现在人类的社会性温度调节中，是其主要推动者和原始动力，正如我们从依恋现象和共同调节机制中推断的（参见第5章）。此外，基因进化选择了各种形态学方面的适应性来为温度调节服务，但每一项单独的适应性都不足以解决所有与温度相关的难题。

然而，在众多适应性中，有些已经非常完备、先进，甚至迫使我们着手进行比生理学适应更有助于解决问题的文化进化。自大脑的尺寸变化开始，大脑体积的增大和骨盆的变窄等进化方面的巧合使助产变得必要——这带来了我们现在所谓社会、文化和文明的雏形。为了个体的充分发育，人类产生了更大的大脑，可这样的大脑，尤其是其不断延展的皮层，所需要的供给远超子宫所能提供的。遗传进化的产物需要现实意义上的文化进化及其作用，文化进化反过来也是一种宏大、高级的大脑产物，使大脑能充分发挥作用。至于文化进化如何广泛影响个体的脑表现型，而非通过自然选择作用于物种的脑基因型，则仍是悬而未决的问题。

如果我们认同"文化进化具有遗传效应"这一命题，就可以无休止地推测是否会出现重大的进化临界点，届时，生物遗传进化的影响——真正的自然选择——将被文化基因进化所抵消，我们或许可以称其为文化选择。然而，就目前而言，在当前的进化状态下，证据更倾向于此：生物方面驱动的进化将会持续进行。对于生活在技术发达地区的人们，社会性温度调节依赖于社会行为，即创造、培养和协调足够多样的群体，对文化、社会和文明进行组织。政治、制度和技术系统便脱胎于这些社会结构，它们能够回应每个个体对温度调节的需求（除此之外，还有很多）。而人类（以及企鹅）行为最主要的推动力同样都是赋予生命、维持生命的必需品：对体温恒定性的维持。

不过，或许有些人会认为，企鹅身上体现的社会性温度调节与人类身上体现的所谓社会性温度调节有本质不同。企鹅的进化是专门为了适应极度寒冷的气候的。抱团的行为绝对是生存所必需的。没有抱团的行为，就不会有现在的企鹅。相比之下，人类从温暖的非洲大草原中进化而来。因此，人类在进化过程中没必要采取某种社会行为来组织一种统一的保暖方式。

这种观点很好反驳，因为其错误就在于忽略了一个事实：大草原的夜晚相对寒冷。随着地球的每次自转，环境温度的变化非常显著。

1973年8月，奥利弗·G.布鲁克、M.哈里斯和卡门西塔·B.萨尔瓦萨发表了一篇论文。论文的研究对象是12名4个月至16个月大的牙买加儿童，他们都营养不良。研究记录了他们治疗前和治疗后的状态。[27]请注意，牙买加一年四季气候炎热，夏天与冬天的温差很小。即使在冬季，白天的气温也维持在81°F至86°F（27℃至30℃）。然而，晚上的温度却是68°F至73°F（20℃至23℃）。布鲁克和同事们发现，"婴儿自身的保暖情

第 ❻ 章　下丘脑之外

况和直肠温度之间的相关性只在晚上才比较明显",且"孩子体温调节失败的主要原因在于应对寒冷环境时未能产生足够的热量"。

昼夜温差从人类进化的最初阶段起,就为社会性温度调节提供了必要条件。证据表明,如果尼安德特人把孩子抱在身边——由此对其进行温度调节——婴儿生存的概率就会增加(即便是在高纬度和高海拔的环境中)。[28] 请注意,现代研究表明,婴儿在襁褓中时的外周体温要比与照料者有直接皮肤接触时低。这些都印证了一点：社会性温度调节是依恋的一个方面。

萨蒂诺夫和安德森的研究告诉我们,进化为温度调节中分层结构的创新提供了充分条件,从而创建了逐渐成熟的集成器系统,并在下丘脑这一主恒温器中汇合。然而,温度调节的进化发展并没有以此结构为终点。进化及其协调的系统是由很多(并非全部)社会互动构建成的。调节体温时,这些互动并非基于有关躯体温暖的社会认知隐喻,而是基于恒温动物生理学上攸关生死的事件。我们所谓的社会和文化,随着大脑预测温度这一能力的提升而得以进化。其实,预测和组织社会关系,与预测环境温度和组织调控方式的能力是同步的。这是社会性温度调节的本质——进化才是根源,而非认知。

综上所述,进化本身已经超越了这些根源,既要求人类文化发展,也促进其发展。由此,社会性温度调节已经成为文明多样性本身的驱动力,直接或(往往)间接地,使各种发明创造得以面世。读者朋友们，我希望你对温度之于人类生活的普遍影响抱有坚定的信任态度。这种信任为下一章的内容提供了必要背景。在下一章中，我们将探讨现代社会的应用需求，这些需求至少与内温性的出现及其承载的负担和自由同时出现。

第 7 章
寒冷时节卖房背后的逻辑
—— 营销与温度

对于我们大多数人来说,房产是最重要的个人金融资产,代表了一生之中最重大的买卖。认真的购买者会事先考察房价走势、周围环境、当地学校、犯罪数据、"宜居指数"等一系列指标。然而,从根本上说,房屋不过是栖身之所。如此,可以说,房屋是我们用来为自己、家人及客人们做出社会性温度调节的工具。

从调节室内温度的能力来看,现在的房屋似乎更为先进。尽管买家选择此处房产或彼处房产的原因千差万别,但对他们来说,与打理房屋有关的风险则源于进化。从对生存的重要性来看,找到构建并维持热稳态的方法,仅次于找到呼吸和保持呼吸的方法。无论浏览过多少房地产网站，气温下降时，人们都会觉得待售房屋更像一个家，更为温暖，所以也愿意付出更多钱。如果气温降低，那么社会性温度调节就会化身为上涨的潮水，水涨船也高。

房地产经纪人很可能会说，自己卖房子根本无须心理学家的指导。澳大利亚在线房地产杂志《房地产》称，"冬天给房屋提供了最好的展示舞台……通常要在起居室（客厅）的焦点位置布置一个大火炉"。这篇文章的作者确实征求了临床心理学家的意见。心理学家提出："这会令人感到温暖并回忆起童年——如果你很幸运，拥有美好的童年——也会引发舒适感、安全感和被关爱的感觉。"她之后还提出："觉得温暖时，通常会觉得舒服和安全。如果感到冷，消极负面的想法就会出现，你也会觉得身体不舒服……（这便）绝对不是出售或购买房屋的最佳时机。"[1]

《房地产》的这篇文章引用了临床医生的暗示，即有壁炉加热的房屋与屋外的严寒形成了对比，这是促进销售的有效策略。尽管如此，《房地产》上的另一篇文章却称，在房地产市场上，"春季销量最佳"，这是"亘古不变的理念之一"。文章指出，冬天带来了机会，"利用外界元素打造避风港"，使用创建"暖色调色板"的策略……"使用土黄色调，例如现在流行的脏粉色、橄榄色和赭石色等"，这些颜色"可以使最冷淡的内饰显得温暖"。灯光应该是"暖黄色的"，而不是"冷荧光色的"，而且"冬季室外的花园或院子"也应如此。此外,《房地产》还建议要生一堆篝火。[2]

房地产经纪人还告诉我们,要在待售房屋中营造温暖的感觉,并非字面上的"用点燃的火苗温暖房间"那么简单。的确,众所周知,使用开放式壁炉为房子保暖是一种很低效的方式,但燃着的壁炉却从视觉和听觉上让人感受到温暖,这与暖色调色彩有一样的效果。《房地产》认为,嗅觉也是可以利用的刺激之一。"营造温暖、舒适的氛围,可以让潜在购买者放松,对此,可使用香草琥珀香氛水晶。记得要用真正的香草。"[3] 请注意,作者很自然地就将温暖与"舒适"的氛围等同起来,认为其有助于让潜在购买者"放松"。

切莫妄下结论

《房地产》采访过一位房地产经纪人,她谈到了冬季在澳大利亚售房的经历——"带有大花园露台,面向广阔大海的房子,而且伴随着真正的狂风"。她提前打开暖气,再在开放日当天关掉,"点燃蜡烛,播放舒缓的音乐"。她告诉《房地产》,这栋房屋"此前在市场上的标价为250万(澳元),但实际成交价……为276万。这个结果很是了不起——我觉得这归根结底是因为(在冬天)呈现的(温暖)"。

这表明,我们可以借助成交价与市场价的差额,来衡量上文举措（针对寒冷的室外环境，提供与之形成对比的"温暖的"室内环境）产生的效果。或许如此吧？但一如既往，当我们尝试利用心理学原理，给予真实世界切实可行的建议时，总要面对残酷的现实，即我们生活在多因果的世界中，面前铺陈着一系列可能的变量。因此，尽管牢记统计数据中所谓的"可解释变异"很重要，但我们通常只能借此解决部分问题。举例来说，在房地产行业中，购买者的安排存在固有变化，比如看房时间（公共假期时才或多或少有时间看房）、宏观经济条件（经济上下波动）、抵押贷款获得情况，等等。此外，尽管冬天可能会让精心布置的"温暖"显得尤其吸引人，但在很多地方，人们冬天看房难免会遇到雨雪天气，所以可能反而要面临负面影响。冬日时节，虽然人们认定此时房价会走高，但由于消极预期和缺乏潜在购买者，其价格也可能会下跌。这些都是独立于温度之外的房价预测因素。因此，作为深挖数据之前的免责声明，我要说温度之外的其他变量对房屋标价和售价有重要影响。

对家的依恋是一种温度调节机制

尽管我们应该认真对待多因果的影响，但无论想要出售的是房屋，还是其他产品、服务、理念或观点，对进化和文化的驱动因素有所了解都是一种优势。如果知道应该使用何种进化或社会性温度调节方面的技巧打动客户，就会从中获益。我们

第 ❼ 章 寒冷时节卖房背后的逻辑

还应该注意,要在同一维度解释温度调节与房屋和其他"商品"的联系。

以史为鉴,人类一直在寻找有界的空间——从洞穴、凹室到石窟、小屋,最后到房屋,将其作为躲避天敌和恶劣环境(尤其是可能致命的寒冷)的栖身之处。我认为,生存这一决定性动机驱使着人们完善房屋的功能,使之超出基本生存需求的范围。物质文化的证据表明,房屋可以满足从属感或归属感的需要。越能满足这一需要的房屋,就"越能带来家的感觉"。也就是说,房屋变成了家。或者按照依恋理论中的表达,房屋由此被视为"避风港"。各种研究都会假设,我们"将特定空间界限视为家"的认知机制,与"利用他人使自己免受寒冷侵袭"这一早期进化和个体发展的生理(依恋和内稳态温度调节)机制同出一源。

的确,尽管早期人类和其他哺乳动物的体温调节会由整个群体共同分担,但在社交活动过程中,房屋至少顶替了部分社会性功能。从某种意义上说,这一理念的内涵明显得近乎不言而喻。随着文化的发展,房屋成了方便有效的御寒手段,且随着室内供暖技术的发展,房屋也提供了有效的取暖方法。

为了对此进行研究,我同之前的两名学生布拉姆·B. 范·阿克(Bram B. Van Acker)和詹妮弗·潘托福莱特(Jennifer Pantophlet),与他们的同事凯莉·科塞拉尔斯(Kayleigh Kerselaers)一起,设计了一系列实验,想弄清楚温度下降时,房屋

（房地产广告图片所示的）是否真的会更吸引人。我们要测试的是"房屋即家"这一观念中某个不太明显的方面，或者更确切地说，是社会性温度调节的某项功能。我们都很好奇，想知道较低的环境温度是否真的可以引起人们对房屋的偏好，正如在较低的环境温度中，租来的爱情电影[4]或乡愁[5]容易引起对他人的依恋一样。房地产经纪人直觉上认为，"温暖的"房屋最畅销，以此为基础，我们想从实证角度验证，如家一样的房屋是如何通过打造"如归家中"的感觉，让我们与他人舒适相处的。此外，我们还想调查这种从属关系能否满足温度调节的需求，能否打动人们为广告上的房屋支付更高价格。

我们得出的结论是，温度和居家感之间的联系由我们与他人相处的动机所调节。接着，我们另外设计了三项实验，调查较低的温度如何引起社会心理学家罗拉·E. 帕克以及乔恩·K. 曼纳所说的"归属渴望"。[6]这种渴望可以通过想给朋友打电话或跟朋友们相处的行为等指标进行衡量。反过来，我们还想知道，这种对归属感的需求为何促使人们偏爱"更有家的感觉"的房屋。为了保证实验结果的准确性和可复现性，我们通过"开放科学框架"（Open Science Framework）在线协作网站确定假设，在收集完数据之前不下结论，将探索性的、提出假设的研究与确定的、验证假设的研究分离开来。

我们曾非常自信地认为，较低的温度会引发"归属的需要"。温度还可以预测恋家的人对房屋的看法，以及愿意为之付

第 ❼ 章 寒冷时节卖房背后的逻辑

出的财产。由于第二个维度看似更为"客观"(因为它需要具体的数字,比如对温度的感知与对"温暖"或"寒冷"的主观感受),所以可以支持这样的观点,即对某栋待售房屋居家感的期待与行为经济有关。现在让我们回顾一下曾提过的内容:行为生态学以及由此扩展而来的体验认知可以为机遇的决策提供依据,比如在权衡打算采取的行动与可预见成本之间的轻重时。还有之前提过的研究,让两个人估计山体的坡度,与没有背包的人相比,背较重包的人会认为山坡更陡。对坡度的"客观"感知与一个人对爬山所需代谢成本(能量)的估计有关。徒步旅行者判断坡度时,会自问是否可以负担爬山所需的新陈代谢成本,因此,虽然潜在的购房者很想拥有更像家一样的房屋,但也会自问是否可以负担由此产生的额外费用。

温度调节在人们相处的方式中扮演着重要的角色,这一观点贯穿本书始终。温度调节在遗传进化、文化进化以及两种进化过程之间持续进行的互动中都扮演着重要的角色。我们已经看到,在组织并融入更多样的关系网络,以及创造文化、社会和文明方面,社会性温度调节的作用尤其突出。自始至终,社会性温度调节最核心的议题就是在相对限定的核心温度范围内维持热稳态,这项需求既紧迫又长久。尽管我们现在已经发明了各式各样的工具,让很多生活在相对富裕国家的人以为其中的冲突并没有很明显,但实际上,这确实是事关生死的问题。

在代谢能量调节方面,行为经济促使人类和其他哺乳动物共同创造了分散式的方式，由此，它也是更为高效、更可预测的方式。我们在社会性温度调节方面做出的努力，比发抖等独力的体温调节行为更加高效节能。由于文化进化在人类发展中发挥着越发重要的作用，我们便开始通过穿衣服、寻找或建造庇护所等方式，更具计划性地进行着温度调节。即使文化进化越来越多样复杂，温度调节最初的进化驱动力仍在持续发挥作用。我们仍会将其他人作为共同标准，用以衡量自己是否受到了较好保护，能否免受威胁生命之寒冷的侵袭。然而，关键在于，我们考虑自身与房屋——以及很多其他产品和品牌——之间的关系时，就如同在思考自己与他人之间的关系。为何会如此？这是因为有些关系（无论另一方是有生命的还是无生命的实体）对温度调节的作用不仅是象征意义上的，也是生理方面上的。对于他人而言，我们只是将自己个人的人际关系模型投射到了"产品"上。

不可操之过急

从很大程度上看，人类将个体人际关系以及社会、文明和文化组织起来的原因都归于保持温暖。我和同事们相信这一点真实正确，但并不代表它可以说明全部事实。在"家即温度调节机制"这一主题上，我们的工作包含一项初步研究以及两项主体研究。在实际开展主体研究之前，我们首先进行了初步研

第 ❼ 章 寒冷时节卖房背后的逻辑

究。[7]在初步研究中，我们首先提出了非常符合"启动"这一传统社会认知原理的假设。我们对温暖的房屋都有概念，因此触摸到物理层面十分温暖的物体，会令我们认为自己要评估的这栋房屋更具有社交方面的温暖（更有家的感觉）。根据其他人之前的研究发现，这种传统预测似乎是很合理的假设。

可我们（再一次）错了。在我们（未预注册）的初步研究中，拿着凉杯子会使人们启动这样的判断：广告上的房屋更有家的感觉。与初步研究的步骤相反，我们之后预注册了两项主体研究。预注册只是在收集数据之前细化研究计划的一种方式。通过在开放科学框架预注册，我们将先入为主的假设与实际数据分离，以此进一步了解社会性温度调节的实际状况。

在初步研究中，我们发现了与传统社会认知假设恰恰相反的结果。因此，我们更新了为两项预注册研究设定的假设。此外，我们还调整了研究步骤。为了提高研究的真实性，我们决定走出实验室和大学的范围，期望招募拥有实际购房经验的人（换言之，不是大学生）参与研究。出于对便捷性和现实性的考虑，我们还是决定不通过拿杯子的方式"启动"参与者，而是利用公认的"热房间"和"冷房间"。最后，在研究 2 中，我们测试的是广告上的房屋，但在研究 3 中，我们则决定使用每个受试者自己的家，对已知的指标进行测试，来得出不同温度条件下居家感的情况。研究 2 和研究 3 中的假设是，外部/环境的寒冷会令人们对房屋更有归属感。也就是说，外部/环境的寒冷会促使参与者得出"房屋更有家的感觉"这种判断。我们还验证了寒冷对房屋吸引力、购买意愿以及预期价值等方面的影响。我们认为,每个受试者与房屋的关系,可以通过其自身对归属感的需求进行调节。

我们的测试将受试者划分为三组。"待在寒冷户外"的为实验组,"待在温暖室内"的为控制组,因寒冷而"进入室内"为对照组。第三组包括启动的步骤,在这一步骤中,第三组受试者被告知,他们"会很快进入室内"。这样做的目的是降低其进行调节自身温度的动力,以免降低寒冷的影响。

第三组实验的理论依据基于新加坡国立大学的心理学家张岩(Yan Zhang)和芝加哥大学的心理学家简·赖森(Jane Risen)的研究。例如,在一项研究中,她们对43名来自芝加哥大学的参与者进行了测试。在芝加哥一个典型的严冬,她们请受试者在处于室内和室外时,分别回答是否更愿意进行能带来社会性温暖的活动,比如给所爱之人买礼物,而非进行其他温度-中立(控制)活动,比如好好进行一次头发护理等。在室外时,受试者更喜欢进行社交活动,而非控制活动;然而,在室内时,受试者对社交活动或控制活动的倾向性基本没有差异。张岩和赖森其他的研究成果还表明,(由寒冷激活的)社交目标,将在目标不再具有必要性时消失,比如在得知自己很快将进入室内的情况下。

阅读来自芝加哥的原始研究报告时,我并不认为"消失"

第 ❼ 章　寒冷时节卖房背后的逻辑

这一说法的证据很充分，但我们还是决定以此为基础进行实验，并对其进行验证。因此，我们在自己的研究中提出假设，室外寒冷的条件（相对于室内温暖的条件和"进入室内"的条件）会提高受试者对广告房屋的共鸣和对吸引力的评价，继而增加对房屋的兴趣和购买意愿。我们还进一步假设，这些影响受参与者对归属感的需要的调节。

但结果与我们假设的并不完全相同。关键的预测变量在于且仅在于实际温度。无论是否得知即将进入室内，无论对归属感的需要如何，实际温度都可以预测人们是否愿意将房屋视作公共的"避风港"。反过来，这既可以预测他们认为房屋有多大的吸引力，也可以预测其愿意为之支付的价格。

房屋同样类似于人

当然，房屋具有关键性的温度调节功能，这对人们选购房屋具有重要作用。但在这种情况下，购买者倾向于将产品拟人化，排在前列的便是在我们看来以某种有意义的方式提供服务的产品。对于房屋，我们将窗户看作眼睛，所以可能会说房屋看起来很幸福、很阴森、很严肃、很悲伤……它可能讨人喜欢，也可能令人厌恶；情感上或热情，或冷漠。我们或许会说房屋独具魅力，或极有特色，或二者皆无。我们还会谈到房屋的灵魂——有些人确实会非常看重房屋的灵魂。除了以上直接拟人

193

化的案例，我们通常也倾向于将房屋（以及其他产品）视作能够"帮助"和"保护"我们的事物。

从严格的字面意义上看，只有同胞——可能是人，在某种情况下也可能是动物——才在帮助或保护方面具备积极的、确定性的能力。然而，房屋通常可以视为家庭或某个特定家族的化身，例如温莎古堡或拉菲古堡。房屋甚至可以体现社会的特征。易洛魁是北美六个美洲原住民部落的集合体，包括莫霍克（Mohawk）、奥农达加（Onondaga）、奥奈达（Oneida）、卡尤加（Cayuga）、塞内卡（Seneca）和图斯卡罗拉（Tuscarora）。他们将自己称为"Haudenosaunee"，翻译过来就是"长屋住民"。首先，18世纪时，易洛魁人的共同居所可以同时容纳至少20户家庭，这种特色用**长屋**（longhouse）这个词来表达。其次，那其实也是聚会的场所，是易洛魁人的国会大厦。最后，"长屋"也被用作转喻（或隐喻表达），不仅表示联邦本身，也表示世界某处——从阿迪朗达克山脉东北莫霍克族人的土地延伸到塞内卡西南端，毗邻安大略湖和杰纳西河（Genesee River）。使用"长屋"这个转喻的人会互相帮助，创造温暖、安全和保护感，和实际的长屋提供的一样。

建造房屋或者购买房屋时，我们会简要提及房屋所在地周围城镇、国家、社会、网络及文明能带来的诸多好处。房屋是一种社会结构，体现了各种社会功能，包括从婴儿与照料者之间的原始体温调节到更为精细的联系。从另一方面看，无家可

第 ❼ 章　寒冷时节卖房背后的逻辑

归的人则暴露在各种危险（包括极端天气以及社交隔绝的状态）之中，一如维尔纳·赫尔佐格镜头中的场景，那只企鹅黯然独自离开了提供温暖和生存保障的群体。

除了会将自己的房屋拟人化，我们还会将其他作为温度调节工具的产品和物体拟人化。在某些情况下，我们甚至会将之投射到似乎与保持温暖毫无关系的物体上。2014 年，我和学生詹尼克·詹森（他提出的观点是这次研究的动力）一起，同我的同事兼朋友吉姆·科恩进行了一项研究——吉姆的工作对我有很大启发。我们一起探究了消费者与产品品牌保持"温暖、信任关系"的方式。[8]

"共有品牌"（communal brand）与营销人员所谓的"品牌社区"有关。所谓品牌社区，就是对产品、徽标或品牌有共同依恋的社区。营销人员认为，共有品牌与个体身份及文化息息相关。我们这个三人小组继而创造了一系列研究，用以验证以下假设：仅仅想到共有品牌，感知温度就会升高。我们从心理学家很喜欢的网站——亚马逊土耳其机器人——取得了大量样本（2,552 人）。在 5 项研究中，我们发现，对共有品牌有正面感知时，人会高估环境温度。更让人好奇的（也和其他房屋相关研究一致的）或许是，在这组研究中进行的部分探索性分析表明，感知温度的升高会提升人们购买该品牌产品的意愿，并使人们愿意为之支付更多。

营销总监们已经对这一结论加以运用。可口可乐就是全球共有品牌的经典案例。为了保证在炎热的夏日中给人带来清爽透凉的感觉，这家饮料公司通常会提供冰镇饮品。尽管如此，可口可乐公司最为人熟知的现代广告是，亮红色的运货大卡车开过冬日的街道，车身上还绘有白色的"Coca-Cola"艺术字图标。卡车上装饰的暖色光缓解了冬日的严寒，唤起了人们庆祝圣诞节时的欢乐喜庆。据推测，可口可乐公司的营销人员深谙此道，竭力在品牌和消费者之间建立或强化信任、温暖的关系。我不知道这些营销人员是否知道，与品牌相关的心理温度也可以反映在体温上，但这是事实。我们的研究发现，消费者与自己认为值得信赖的品牌打交道时，会对环境温度做出更高的估计。换言之，与消费者有密切关系的品牌更能带给他们身体上温暖的感觉。

通过从5项研究中收集的大量样本，我们在2014年发表了一篇论文，为假设提供了更多，也更为精准的支撑。我曾经怀疑，人们的主观温度感觉（是否感到温暖）极有可能会受到"共有性"的影响。结果证明我们是对的。

品牌的温度调节效果与对品牌履行关系职能的长期认可相一致。此外，品牌会采用人际关系中惯用的方式履行这项职能。这就表明，人际关系方面有关依恋和共同调节的机制，实际上也活跃于我们与品牌的关系中。对喜欢贺曼贺卡、可口可乐公司产品及相关广告/宣传活动的人进行研究后发现，人们与自己喜爱的品牌之间保持着全身心的，甚至持久的亲密关系。一项

第 ❼ 章 寒冷时节卖房背后的逻辑

研究表明,热忱的收藏家认为"贺曼贺卡如同情人",他们与这些品牌收藏品之间存在着持久且依赖的关系,其发展过程类似于"约会、吸引、结婚"。[9]

狂热的收藏家并不排斥这种明显的拟人化。很多人会将自身情感引向产品本身,这种喜爱之情的类别和程度与社会性依恋相关联。密歇根大学迪尔伯恩分校商学院市场学教授亚伦·C.艾乌维亚是"品牌热爱"方面的著名专家。在一项研究中,他采访了69名参与者,其中只有两名认为"爱"仅限于人与人之间,人与物体和产品的关系该被排除在外。被问及对消费品的热爱是否可以用"真实"和"确定"等词描述时,72%的受访者给出了肯定的答案。[10] 其他人的研究强化了这个小规模研究的发现。1988年,南卡罗来纳大学的特伦斯·A.希普和托马斯·J.马登共同开发了"消费者–物品之爱"[11]的模型,捕捉到了传统上认为仅存在于人与人之间的爱的元素;此外,玛莎·L.里奇斯明确了一组用以描述对品牌的情感依恋的词表(爱便是其中之一),她所选用的衡量指标是人们对产品的"热忱"程度。[12]

与产品拟人化相一致的是品牌个性,即人们可以使用通常用于形容人的个性的术语评价自己喜欢的品牌。某个品牌可能会被评判为"酷"(偏向时尚方面的意义)、新颖、充满活力、实用(从现实角度而言)、时尚或值得信赖。我们不仅会评判品牌,也会评判人,而且评判起来通常都不假思索。心理学家们已经表明，这样的迅速判断自有用处，甚至有适应性意义，因为我们想知道某人是否想要伤害我们，以及他们是否真的有能力如此。这与心理学家定义的我们认知他人"两大"维度，即"共享"和"代理"相关。"共享"也就是情感上的温暖，包含信任、帮助、诚实、合作等特质，而"代理"更关注的则是能力，包括效率、毅力、精力等素质。这些人类属性都有机会被投射在品牌上。

总体而言，在5项研究中，我们发现，将某品牌视为共有品牌时，参与者的预估温度也会升高。我们认为，品牌也可以回答类似的、与行为经济相关的心理学问题。换言之，我们可能会选择心理上较温暖的品牌满足内心归属感的需要。因此在某种程度上看，我们对可信赖品牌的偏爱，也源于体温调节，正如我们对多样性社交网络中可信赖成员的依恋源于对可靠的照料者的早期依恋一样。品牌似乎能够为我们这个瞬息万变的世界带来一定程度的稳定性，因此可以帮我们更好地预测未来。这与查看天气预报了解未来10天的天气情况类似。

人们往往期望心理学家凭借自己的理论得出实际、可预测的结果。因此，为了打造成功的共有商品，我建议营销人员不妨尝试解答以下这种问题：如何通过唤起人们对温暖和信赖的感觉设计产品和品牌，进而达到促进销售的目的？如何立足于能够唤起积极共鸣的理念设计产品或品牌？我可以提供的初步，也是最简单的答案就是：不仅要创建值得信赖的品牌，还

第 ❼ 章　寒冷时节卖房背后的逻辑

要做到值得信赖。更完整、更复杂的答案是，目前，心理学理论和应用之间还没有足够直接的联系。曾经我认为，挺胸抬头的站姿可以让你在面试中求职成功，但结果恰恰相反，这一观点现在已被彻底推翻。[13] 然而，我们可以从那些对理论预测做出验证的有力研究中学习，并基于所得数据进行合理有据的猜测。

营销人员必须先了解严谨科学的必要前提，再了解相关的衡量指标。在使用社会性温度调节预测某个品牌或产品的商业生存能力时，相关衡量指标是对环境温度的感知，我们借助的客观指标是实际温度，而非"变热"或"变冷"的主观感受。如果你是需要实际应用的营销人员，那么请理解，消费者对产品产生的感受，是经由神经系统层层进化而来的复杂结构生成的，温度只能解释其中很少一部分内容。某个变量是有可能给你带来一定的优势的，但前提是你已经考虑过与销售该产品相关的其他所有变量。

群体行为对个体选择的影响是一个强有力的变量，可以独立于温度进行测试。举例来说，2001 年，苏希尔·比赫昌达尼和苏尼尔·夏尔马回顾了金融市场"群体行为"的研究，其基本假设建立在一个普遍假设——如果大部分人做出了同一选择，那么这个选择肯定是好的——的基础上。[14] 抵消行为（反从众）则赋予少数派更大的价值，认定少数人的选择更有价值，更具有效性。

199

韦恩·D.霍伊尔和黛博拉·J.麦金尼斯在大学教科书《消费者行为学》中发现，营销人员为了促销产品，会采用从众与反从众相结合的方法。[15] 有些品牌会吹捧自己的多数吸引力，另有一些则提倡专有性，即"少数精英的慧眼识珠"。鉴于我们已对温度调节有所了解，在采用"从众"技巧时，实际上也要将社会性温度调节纳入考虑。幸好，关于这一主题的可靠研究尚未出现，但为惠及投资者、博彩者和所有团队运动者（更不用说社会心理学），对此的研究应争取早日出现在文献数据中。[16]

温度调节和情感性广告

在更全面地了解温度和决策涉及的生理和心理机制之前，对"为何较冷的环境温度会导致这些决定，而相对较暖的环境会导致其他决定"的解释在很大程度上仍是推测性和探索性的。向人们推销产品的业务在市场营销、广告及公共关系等领域变得越来越专门化和精细化，这些目前都依靠社会学和心理学的研究推动。然而，在此之前，成功的销售人员便已能借助情感与温度之间的天然联系，提升自己的业绩。

在 2017 年的一篇文章中，帕斯卡尔·布鲁诺和同事们遵循流行的隐喻观念，发现人们经常会将温暖与爱相联系，将寒冷与恐惧相联系。[17] 不过，他们进行了延伸，发现商业领域的人才会在广告中利用情感上的温暖与寒冷。这正是他们意欲探究的

第 ❼ 章　寒冷时节卖房背后的逻辑

领域。在情感上的温暖或寒冷之间，某些特定条件起的作用是否更大或更小？

在回顾内稳态之后，他们调整了研究方向（与我们之前所讲内容近乎重合）。内稳态——生物系统内部的最佳平衡状态——被他们视为塑造社会行为的一种可能力量。通过实验室实验和现场数据，他们对如下假设——某些情绪刺激的影响不仅取决于体温，也取决于其在调节内稳态中的作用——进行了验证。此后，他们得出的结论是：对觉得身体冷（体温低于内稳态最佳状态所需水平）的人来说，相较于情感上"寒冷"的刺激，他们会更偏好情感上"温暖"的刺激。研究人员的解释是，寒冷的刺激会令参与者的状态偏离内稳态最佳状态。相反，觉得很热的消费者（体温高于内稳态最佳状态所需水平），出于同样的考虑，对情感上温暖的刺激的认可度更低。也就是说，他们也被推离了内稳态最佳状态。处在内稳态最佳状态时——像金发公主一样，既没有觉得很冷，也没有觉得很热——消费者对情感上的冷与暖偏好相似。

由于了解温度与情感同样会影响内稳态，布鲁诺和同事们引用了认知神经科学家安东尼奥·达马西奥和汉娜·达马西奥的成果：情感会引起人体变化，仿佛身体真的对环境温度变化做出反应一样。[18]

布鲁诺和同事们招募了 461 名学生（其中女性 229 名，男性 232 名），并分为两组。一组身处温度舒适的环境［约 86℉

201

《 温度心理学

(30℃)]中,另一组身处相对寒冷的环境[约57.2℉(14℃)]中。两种温度条件下的受试者都要观看11份广告,这些广告或体现内心的温暖,或体现内心的寒冷。在受试者看到广告之前,要通过1("完全不认同")至7("非常认同")分的7级量表——大部分心理学研究中会用到的李克特量表——记录自己的情绪。如此衡量情绪,旨在发现控制变量,排除对某种广告有所偏好的其他可能解释。

之后,参与者要对自己看到的广告进行评分,对每份广告都要填写6份7级量表,其主题分别为:喜欢、兴趣、说服力、吸引力、广告带来的印象以及广告的效果(1="完全没有",7="非常强烈")。他们还要回答看过广告后是否打算购买(1="完全不会",7="非常可能")。最后,研究人员会让受试者在7级量表上记录对房间实际温度的感知(1="非常冷",7="非常暖")。在情感温度方面,他们要指出广告使之觉得温暖的程度(1="完全没有",7="非常强烈")。结果表明,广告引起的情感温度,会显著影响对实际温度的感知。观看过令人内心温暖的广告后,受试者对房间实际温度的估计明显更高;观看过令人内心寒冷的广告后,受试者对房间实际温度的估计则会更低。

研究人员还发现,相较于令人内心寒冷的广告,觉得身体冷的参与者更喜欢令人内心温暖的广告。这影响了他们对广告的直接感觉,也影响了他们购买广告所宣传产品的意愿。相反,如果处于体感舒适的条件中，也就是处于内稳态最佳状态中，无论是广告本身还是购买广告所宣传产品的意愿，受试者对两种广告的回应基本没有区别。这些结果与研究人员的预测相一致，即受试者处于内稳态最佳状态时，对令人内心温暖或寒冷的广告不会有不同的反应。

在同一文章中提到的另一项研究中，布鲁诺和同事们从内稳态最佳状态出发，进一步探究测验温度正好或过低过高时会带来怎样的效果。他们在室外环境中使用电视广告（而非纸质广告），当场对实验室结果进行了验证。通过这种方式，研究人员可以观察到在不同室外环境中受试者对广告的反应。他们发现，在低温环境中，令人内心温暖的广告会提升说服力。在冷热适中、贴近最佳状态的室外温度中，广告蕴含的情感温度对说服力没有明显影响。这一发现与室内实验室研究所得的一致。最后，如果室外温度高于最佳状态所需，那么受试者会觉得，令人内心寒冷的广告比令人内心温暖的广告更具有说服力。

后悔所需的温度调节成本

在本章中，我们已经分享了一些例证，说明社会性温度调节与对房屋、产品和广告带来的社会温暖的感知相互关联，以及这种关联对人们的偏好有何影响。不论如何，这些研究最终都与财务决策有关。

所有财务决策都属于经济决策,但并非所有经济决策都与财务相关。在社会性温度调节层面,上述研究验证的所有决策都以经济行为为基础——我们会如何投资珍贵的代谢资源。如果你恰好是只企鹅,便无法用现金来换取身体上的温暖或社会性温暖,然而,你可以"选择"将代谢资源用于社会资本投资,也就是和其他企鹅抱团。现代人类可以通过有限的财力进行投资,在各种社交网络中分配体温调节所需的代谢负担(事实上我们也经常会这样做)。这种财务决策的驱动力仍然植根于行为经济的生理因素。实际上,财产——无论是否消费金钱——是便捷的客观指标,能指导我们进行代谢资源投资。当然,这也是社会性温度调节的核心所在。

说服是你决定是否采取行动的一个阶段,但决定并非过程的终点。我们或许会对自己的决定感到满意,当然也可能会后悔。营销人员和销售人员常常会遇到"买家后悔"的情况,这种"买后感"源于这样的情绪:我们此前购买的产品在现在看来,是奢侈、昂贵、不必要的,或从某种角度看是难以满足需求的,所以并不划算。心理学家认为,买家后悔是一系列一般性"后悔作为"(action regret)的子集之一,其基础是你不想参与某种行为,因为这种行为现在看来是错误的或不够好的选择。此外,你可能还会经历"后悔不作为"(inaction regret),也就是当时未能如愿采取行动或事后才意识到自己应该采取行动。如在决策前一样，社会性温度调节在决策后也发挥着一定作用。

杰夫·D. 罗特曼等人在 2017 年的一篇文章中指出，"后悔作为"会改变情感或身体上的温暖。[19] 他们进行的一项实验表明，对温度有影响的广告——比如描述天气寒冷的广告——会消解"后悔作为"的情感效果。他们验证了这样的观念：要想摆脱"后悔作为"的影响，不一定需要借助冷饮等实体产品。仅仅通过想象某种与寒冷相关的经历，就能实现消解的目的。举例来说，与温度相关的广告可以减少行为引起的后悔。这个实验背后的提议是，如果正在后悔的受试者看到的是在寒冷地区度假的广告，比如滑雪度假，那么比起看到在加勒比海岸等温暖地带度假的广告的人，他们会觉得没那么后悔了。

实验人员进行了一次在线实验，分析了从 119 名参与者处得来的数据。研究人员向参与者提供了虚拟制药公司 Verap 股票的信息，当前股价为每股 2.50 美元。参与者可以使用实验人员分发的资金对股票进行投资（作为）或不投资（不作为）。为了让参与者后悔自己的行为，研究人员会告诉进行了投资的受试者，股价已经跌至 1.25 美元；告诉未进行投资的受试者，股价已经升至 3.75 美元。在罗特曼及其同事测试的样本中，超过半数（53.8%）的投资受试者都会因作为感到后悔，46.2% 的未投资受试者会因不作为而感到后悔。

实验的"后悔诱导阶段"结束后，受试者会看到一则关于游轮之旅的广告，在对自己的游轮之旅做出想象后，还要估测自己所体会到的温度。一半受试者看到的是到寒冷地区（阿拉斯加）的游轮之旅广告，另一半看到的是到温暖地区（加勒比海）的游轮之旅广告。看完广告后，受试者要填写一份决策后悔量表，表中包含 4 项与股票决策有关的内容，采用 7 级李克特量表，选项从"非常不认同"（1）到"极为认同"（7），包括"我后悔自己的选择""我应该做出不同的选择"等描述。（除此之外，实验人员还收集了幸福感方面常见的人口统计学变量和陈述。这些变量均未影响结果。）

毫无意外，看到加勒比海游轮之旅广告的受试者估计的温度较高［中位数为 67.38℉（19.65℃）］，看到阿拉斯加游轮之旅广告的人估计的温度较低［中位数为 30.18℉（−1.01℃）］。正如研究人员所预测，在所有"后悔作为"的受试者中，看到寒冷的阿拉斯加游轮之旅广告的人的后悔程度较低。在 7 级李克特量表中，对于看到阿拉斯加游轮之旅广告的后悔者而言，得分的中位数为 4.53，而对于看到加勒比海游轮之旅广告的后悔者而言，这一数字为 5.21。值得注意的是，在"后悔不作为"的受试者中，看到温暖的加勒比海游轮之旅广告的人的后悔程度较低。

尽管我觉得样本量再大一些会有更好的效果，但这些研究结果已经表明，想象某个特定温度下的场景，的确会影响情感体验。具体而言，这会降低决策后悔的程度。然而，想象的温

第 ❼ 章 寒冷时节卖房背后的逻辑

度条件与决策后悔程度之间的关系并不简单。在"后悔作为"的情况中,研究表明,想象温度较低的环境会降低受试者报告的后悔程度,并让人觉得舒服一些。但在"后悔不作为"的情况中,想象温暖的环境会降低受试者报告的后悔程度。我认为,这种差异是要促使我们跳出温度本身,在内稳态的背景下解读温度的重要性,因为"后悔作为"和"后悔不作为"都会对内稳态产生影响。

对内稳态的严重威胁会导致严重的残疾、疾病,甚至死亡。相对较小的威胁,例如实验中引入的威胁,带来的潜在后果可能不会那么可怕,但仍会让我们觉得不舒服。对于营销人员而言,这种信息非常重要。热门电视剧《广告狂人》(*Mad Men*)中,备受困扰的主人公——麦迪逊大街(Madison Avenue)的天才唐·德雷珀(Don Draper)——捍卫了广告行业常被抨击的道德及社会价值:"我觉得,人们购买物品,是为了让自己觉得更舒服。"我可以对此稍微变通——"我觉得,人们购买物品,是为了维持内稳态"——但话说回来,我毕竟不是营销人员。

尽管如此,心理学家还是会经常受邀帮助营销人员制定消息传递策略,提升其产品带来的"良好感觉"——内稳态。这种要求的出现很正常,且科学确实可以真正发挥作用,满足这方面的需求。然而,就生物学和文化而言,人类是复杂到难以置信的生物。这意味着,虽然有实验结果,但心理学上并没有灵丹妙药。想到寒冷的地方，很可能会减少后悔带来的不适，但前提是，这种后悔的感觉是"作为"导致的。对于"不作为"导致的后悔感觉，温暖的想法则可能更有助于产品的推广。不过，依然存在的问题是：营销人员如何得知自己的目标客户是"后悔作为""后悔不作为"还是根本不后悔呢？

对比另外两项研究，我们可以通过另一个窗口，探知社会性温度调节这一心理学观点应用于营销等"实际"或"现实世界"时的潜力及局限性。

约纳特·泽布纳和同事们进行了 5 项研究，包括实地研究和实验室研究，对其所谓的"温度溢价效应"进行了探索。这显然是很直接的命题，如果让人们体会到身体上的温暖，那他们可能更倾向于联想起令自己内心温暖的事，继而引发积极的反应，提高人们对产品的正面评价。[20]

我们来看看 5 项研究中的第一项。研究人员想知道温度是否会影响现实世界中人们对产品的评估，这比在实验室中进行的要复杂得多。因此，他们分析了以色列一个大型在线比价购物门户网站上的手机数据。这个网站会根据领域将商品进行大致划分，之后会细分为不同的类别和子类别。使用者可以搜索整个类别，也可以搜索个别商品，之后对不同卖家提供的价格进行比较。单击"去购买"后，网页会跳转到该销售者的网站。根据某种特定商品类别中"去购买"的点击率，研究人员可以很容易地衡量购买者的意愿。泽布纳和同事们分析了 8 类

第 ❼ 章 寒冷时节卖房背后的逻辑

商品24个月的点击数据——从2010年9月到2012年8月共6,364,239次点击。他们将数据与每日气温进行对比，分别确定气温对8类商品购买意愿的影响。通过计算每天的平均温度，他们进行了三次回归分析，以验证身体上的温暖是否会提高购买意愿。

和研究人员预测的相符，温度对购买意愿有正向影响。然而，经过证明，这种"温度溢价效应"并不是线性的，线性即随着温度的升高，购买意愿的积极影响会逐渐减弱。然而，温度溢价效应看起来是真实存在的，甚至在研究人员对节假日和季节的影响进行控制后仍持续存在。

彼得·科尔布等人的另一项研究将购物体验从线上环境带到了实体商店的领域，重点研究的不是消费者行为，而是客户服务，或者说面向客户的雇员及销售人员的行为。[21]这份研究包括两项实验。第一项实验在实验室中进行，表明参与者——大学生而非专业的销售人员——若处于温度较低的房间中，会表现出更多以客户为导向的行为，会比处于温度较高房间中的参与者给出更高的折扣。在温度舒适范围内进行实验，无论房间偏冷还是偏热，实验结果都是相同的。

在第二项实验中，研究人员测试的是其他控制温度的方式对提高销售人员及客服人员的客户导向度的影响。在这项实验中，研究人员以126名服务人员和销售人员（而非学生）为样本。他们将"语义启动"作为物理温度操控的替代性方式。参与者首先要完成搜词谜题,即在杂乱的字母中找到12个给定的单词。参与者们会按条件被随机分配到三组中,每组都包括6个同样的温度中性词,此外,在温暖或寒冷的分组中,还另外加了6个与温度有关的单词。

解决了谜题之后,研究人员会通过《销售导向顾客导向量表》(Selling Orientation-Customer Orientation Scale)测量受试者的客户导向程度。这份量表从实验室实验所用量表改良而来,与销售人员和客服人员更具相关性。参与者会使用1(从不)到9(总是如此)李克特量表对每个测试项目进行评分。在搜词谜题中,与由温暖相关单词或中性单词启动的参与者相比,由6个寒冷相关单词启动的参与者的客户导向程度更高。依据这个结果,研究人员得出结论,无论实际环境温度如何,通过语义激活寒冷(相较于温暖)的概念,会让经验丰富的销售人员和客服人员在自我报告客户导向程度时给出更高的分数。

这两项实验之所以颇值得关注,是因为它们证明了,物理温度产生的影响可以仅仅通过温度相关词汇启动产生,并借此打破了笛卡儿身心二元论的障碍。此外,实验证明了将心理学实验转换到实际应用时的局限性。研究人员自己坦诚地指出,不建议在每个工作日开始时使用温度相关单词谜题对销售人员和客服人员进行启动。他们只能提供温和的建议——员工可以饮用凉水,穿着舒适,以免觉得销售现场太热。

我个人认为,这项实验更值得琢磨之处在于,运用实际温

第 ❼ 章　寒冷时节卖房背后的逻辑

度优化销售人员的表现时，有些人可能真的会面临现实的困境。泽布纳和同事们的研究表明，更高的温度会促使消费者高估产品，并更有购买意愿。然而，科尔布和同事们的研究则表明，更低的温度会让客服人员和销售人员更好地对待客户，并因此打造更有可能促进销售、提高客户满意度的客户服务体验。

如此，商店经理要如何应对？是上调温控器的温度，刺激客户购买，但因此面临销售人员无法令客户十分满意的风险，还是下调温控器的温度，刺激销售人员的最佳表现，但令销售人员面对因太冷而降低了购买意愿的客户？

实际上，我并不认为这算得上心理学家提出切实可行建议时可以依赖的表面证据。归根结底，两项研究结果体现出的矛盾与困境，实际上只会在一种情况下出现，即我们错误地假设自己面对的只是一对简单的因果：环境温度和人类行为。其实，问题的核心是内稳态调节。购买某种产品可以满足短期需要，该需要有温度调节成分。但客户服务与对人际关系的长期社会投资关系更为密切，而这种关系与内稳态则有更直接、更深入的联系。因此，客户服务是一种社会行为，植根于依恋之中，它将维持生命的温度调节负担分配给其他人，且他人的存在和支持可以提前预见。

就此处提到的心理学经验而言，其意义可能比促进销售或改善客户服务更大。销售人员和服务人员的生计依赖于能否成功与他人建立信任关系。这对我们健康人来说不仅是要努力去做的事，也是最终能做成的事。这是社会正常运转和文明正常发展的基础。不过事情也没这么简单。内稳态对于生存至关重要，并且我们也会在下一章看到，体温调节也是理解——甚至是治愈——人类最致命的精神疾病和身体疾病的关键。

第 ❽ 章
从抑郁症到癌症
——温度即治疗

巴西圣保罗的一位老年女性安娜已患有抑郁症多年。让她更受折磨的是：她总是觉得特别冷。即使天气相当温暖，安娜也觉得浑身发凉。要是天气变凉，她会比大多数人觉得更冷一些。因此，她会穿好多层衣服。为了治疗抑郁症，她会去看心理咨询师，过程中养成了喝热茶的习惯。这是她从持续寒冷中获得些许缓解的方式。此外，安娜还发现，热茶多少会让自己更有精神，虽然稍纵即逝。不过，她没有发现，抑郁症与长期觉得冷之间有一定联系。

大多数观察者可能都不会发现二者之间明显的联系，但最近的研究表明，（重度）抑郁症和体温调节之间可能存在联系。

实验结果表明，控制内稳态可能是治疗抑郁症的有效方式。举例来说，在 2013 年的一份研究中，研究人员通过红外线灯对 16 名患重度抑郁症的成年人进行全身加热，仅仅一次后，患者的情绪就都得到了明显改善。治疗 6 周后，效果更为明显，甚至有些患者从重度抑郁症转变为中度抑郁症。[1]

这项研究的样本量很小，考虑到识别和招募重度抑郁症患者参加心理学研究本身就有难度，所以这也可以理解。但即便如此，不得不说，研究的样本量越小，从中得出的结论就越单薄。本章中讲到的大部分研究，样本量都相对较小，因此其意义更偏向于启发性，而非总结性。由此可见，我们参与的是一场更为广泛的讨论，它关注于体温调节对生存和健康的关键作用。此外，我们已反复找到证据，证明体温调节与更一般的机能之间有所联系。

体温调节对于生存至关重要，这一点毋庸置疑。极高的温度或极低的温度都会致人死亡，但这种情况通常可以避免。在我所居住的法国，人们仍对 2003 年 8 月的热浪侵袭心有余悸。在那次事件中，大约有 15,000 人死于极端高温。新西兰的一份报告表明，每年冬天都有 1,600 人因房屋过冷而死。[2] 本章研究的内容更为深入。我认为，我们已经拥有足够证据，证明社会性温度调节在整体健康中发挥着重要作用，其中很多方式比夏天高温致死或冬天体温过低致死更难以察觉。

在本章中，我们会看到很多与社会性温度调节相关的活

第❽章 从抑郁症到癌症

动,且这些活动会减少罹患抑郁症、糖尿病和癌症等疾病的风险。这些疾病表面上看形形色色、各不相同、似乎互相毫无关联,但仿佛都与一点——棕色脂肪组织,也就是我们所说的BAT——有共同的重要联系。此前,我们已经讲过棕色脂肪组织与温度调节相关,且通过依恋机制与**社会性**温度调节相关。虽然从短期来看,在医学方面,提升棕色脂肪组织的含量是治疗肥胖症的可行方法,但多份研究表明,仍可能有更复杂、更持久且影响更大的因素存在。

我们已经知道,无论是对企鹅还是对人类来说,社会性温度调节都是生存必需的。通过依恋机制,婴儿将大部分维持生命所需的体温调节负担转嫁给温暖的妈妈。越发复杂的社会性温度调节应运而生,促使人们融入更多样的社交网络中。那么,与他人/社会更为亲近,会降低我们患病的风险吗?

温度调节及其与健康的关系

在继续深入之前,我们可以先简单回顾之前提到的基本概念。**体温过高**是指身体过热,也就是身体产生的热量高于损失的热量。**体温过低**是指身体过冷,也就是身体损失的热量高于产生的热量。(此外,由于热总是从高温处传递至低温处,所以冷的感觉通常是由热量缺失引起的。)

温度调节与健康有关,反之亦然。希波克拉底①早已对体温调节有所关注,称"所有学医之人都必须……研究某个国家以及某个地区特有的热风和冷风"。我想冒昧地提出一个不甚科学的推测,如果小孩子不想上学,想休息一天,几乎都会跟妈妈说自己病了,这时妈妈就会用手贴一下孩子的额头,判断孩子到底是发烧还是有起床气。由此可见,长久以来,发烧一直是衡量患病与否或身体是否不适的客观标准。

此举确有其理由。当体温高于102.2°F(39℃)时,人通常会出现疲劳、乏力和全身不适的感觉。当体温达到104°F(40℃)时,更严重的症状就会出现,比如昏厥、脱水、呕吐和头晕等。达到这一温度阈值,发烧就会带来生命危险。如果体温达到105.8°F(41℃),就达到了急症的标准。如果体温达到107.6°F(42℃),就会出现产生幻觉、抽搐的症状,甚至会引发昏迷。若体温再升高1.8°F,也就是达到109.4°F(43℃),便极有可能导致死亡。

当身体吸收的热量超过其发散的热量时,过高的环境温度很可能非常危险。体温过高可能由较高的环境温度引起,如果体温达到104°F(40℃),就会带来生命之忧。³高强度运动也有可能引起体温过高的情况。进行高强度训练时,骨骼肌的能量消耗可提高20倍,考虑到人体的新陈代谢率为25%,那么很明

---

① 古希腊伯里克利时代的医师,被西方尊为"医学之父",西方医学奠基人,提出了"体液学说",他的医学观点对以后西方医学的发展有巨大影响。

第 ❽ 章 从抑郁症到癌症

显,很多能量不会被用来生成肌肉,而是会转化为热量。热量通过肌肉传递到血液,并借助血液循环提升核心体温。体温达到 104°F(40℃)或以上时,过高的环境温度、极度疲劳或二者的结合作用就会引发中暑。

我们在第 3 章中已经提到,对大多数恒温动物(尤其是人类)来说,比起高于"正常"体温的温度,我们对低于"正常"体温的温度的耐受性更高。这就解释了为什么温度下降时的死亡人数不如温度升高时的高。这种不对称性非常显著。发烧到 102.2°F(39℃),通常会出现虚弱等一系列疾病导致的症状;但如果是体温过低,为 89.6°F 至 95.0°F(32℃至 35℃),那么影响可能比较轻微(主要是会发抖);82.4°F 至 89.°F(28℃至 32℃)时,则可能会产生轻度影响(包括嗜睡等,但不会发抖)。两种极端状态表示的是与正常温度相差 3.6°F 至 16.2°F(2℃至 9℃)的情况。严重的体温过低(68.0°F 至 82.4°F,即 20℃至 28℃),通常会让人失去知觉,再低的话就会导致死亡。1988 年,在为美国陆军环境医学研究所开展一项耐人寻味的研究时,《意外低温》的作者们着重描述了拿破仑大军第十二师陷入灾难性的俄法战争的情况。这支军队长期暴露在寒冷条件下,1812 年开战时有 12,000 名士兵,但最终返回法国的只有 350 名,其余士兵全部死亡,主要就是因为体温过低。[4]

不过,温度对身体的影响有时可能更难以察觉。在极端案例中,某些外科麻醉剂可能会引起恶性高热,这是药物刺激肌浆网中钙过量释放的结果。钙的释放会让肌肉代谢增强,并产生热量。如果钙的释放过量,那么其所产生的热量就会高于人体能承受的水平。在这些公认的罕见案例中,恶性高热就会出现。安定类药物或抗精神病药物是另一种会影响神经系统的药物,可能引发神经阻滞剂恶性综合征,继而引起高烧,患者体温通常会超过 105.8℉(41℃)。

温度调节、健康及其与情感生活的基本联系可以通过基本的生物学机制得以观察。甲状腺功能亢进是甲状腺激素过量产生引起的,可导致甲状腺毒症——有时也称甲状腺危象——进而引发体温过高,有时体温甚至会达到 105.8℉(41℃)。甲状腺功能亢进有可能是由于压力过大,其中就包括情绪压力。持久存在的压力甚至会引发自身免疫性甲状腺炎,而这种疾病则会引发其他问题,比如多汗、心跳加快和入睡困难等。

由于个体差异的存在,人类个体或多或少会受到体温过低的影响。举例来说,体温调节可能因为下丘脑受到的某些直接影响而出现异常。(可参考之前对于温度调节与集成器的讨论。)可能对下丘脑产生直接影响的状况包括脑部外伤、病理性脑损伤、帕金森病等。此外,脊髓断裂等脊髓损伤也可能导致患者表现出变温性的特征,无法对自身体温进行调节。神经性疾病以及糖尿病也是体温过低的诱因,此外,多种药物及毒素亦会引起体温过低,乙醇就是其中一种,与酒精中毒相关的更甚。突发性体温过低与大脑某些区域的病变有关,且通常与癫痫发作联系在一起。[5] 如此种种，很多因素都会导致我们无法调节自身体温，或者说令调节能力下降。在主流文化中，我们通常会认为，与其说某些原因更具有生理性，不如说它们更具有心理性。

温度调节功能受损在心理学方面的影响

我们还可以列举很多。温度调节似乎主导（至少可以说参与）了一般性的心理功能。因长期暴露于寒冷环境而产生的体温过低现象，有时会与精神症状（比如焦虑、判断力减弱、固执、神经症和精神疾病等）有关。我和同事们创设的 STRAQ-1 就揭示出，倾向于自己进行温度调节的人往往会更加焦虑。此外，对"与他人共同进行温度调节的渴望"这一项的评分越低，就越倾向于回避人际关系。不太希望进行社会性温度调节的人也会称自己的健康状况仿佛无缘无故更差一些。在 1966 年提交给医疗事故预防委员会的一份报告中，L. G. C. E. 皮尤提到了发生在威尔士、苏格兰和英格兰的诸多案例，均涉及无法调节体温的情况。该份报告共提及 23 起暴露事件，其中有 25 人死亡，5 人恢复至无意识状态，另有 58 人症状较轻。在症状较轻的案例中，皮尤发现，病人会变得冷漠，有时也会表现出过度焦虑的情况。有些人会与现实脱节，甚至会告诉皮尤，自己会有陶醉感。这些人的伴侣则会说，病人变得不可理喻、易怒、好斗且异常沉默。[6]

《意外低温》的作者们称，体温过低的人通常会缺乏"恰当的适应性行为"，这一点也同样值得关注。"由于温度调节功能失灵，所以患者通常会极力想脱掉衣服。"[7]酒精中毒会增加矛盾型脱衣的风险，最终导致危险行为的发生。（这提醒我们，下次朋友在冬天酒吧聚会喝得太多时，就尤其要注意这种情况。）

　　无论明显偏离最佳体温会导致何种严重的身体后果，我们的感觉都很可能会对体温调节产生极大影响。2001年的一项研究试图确定的是，特定心理压力引起核心体温升高的机制和介质。作者认为，尽管很多案例发现，"心因性发烧"的现象确实存在，但尚不清楚心理压力会如何（或是否会）导致核心体温升高。在探索社交网络多样性与核心体温之间关系的小组研究中，我们要求参与者说明自己的压力水平。数据集结果表明，压力对核心体温的影响与外界湿度水平带来的影响大致相同，与受试者是否饮用过含糖饮品或是否会因找不到智能手机而焦虑无关。换言之，对我们从12个不同国家收集而来的大型数据集的分析表明，压力并没有对核心体温产生重大影响。[8]

　　压力对核心体温影响较小，这一点和某些研究所得出的结论——心理压力引起非人类动物核心体温升高——很不一样。比如，两名日本身心医学和综合生理学研究人员冈孝和、堀哲郎回顾了大鼠离笼后的"旷场压力"研究。研究人员认为，出现压力后，核心温度会升高。在这些研究中，核心温度的升高似乎并不是身体活动增加（比如发抖）的结果，反而更有可能是体温"调定点"升高造成的，如发烧时经常出现的情况一样。

冈孝和、堀哲郎还回顾了"预期焦虑压力使大鼠核心体温上升"的相关研究。研究人员认为，这种压力受到不同神经递质的抑制，因此与旷场压力不同。预期焦虑压力也会产生类似于发烧的反应，但可以通过实验手段改变。由此，研究人员得出结论，无论是旷场压力还是预期焦虑压力，最终都会引发温度升高，即发烧的结果。此外，由于发烧反应可以调节，所以冈孝和、堀哲郎推测，与神经递质有关的机制可能与人类的心因性发烧有关。[9]

如在啮齿类动物身上观察到的一样，压力与核心体温之间的关系还存在相当复杂的方面。然而，这些动物的社会生活远没有人类的那么复杂。我猜测，这种复合叠加的复杂性正是我们没有找到真正与人体核心温度相关的人类压力的原因。我们通过实验得到的只不过是冗杂的统计数据。

抑郁症与神经性厌食症

著名的临床心理学家亚伦·贝克给我发过电子邮件，称自己发现抑郁症临床患者经常会反映自己觉得很冷。[10] 或许没人会因此大惊小怪。感到寒冷和感到抑郁之间似乎"自然而然"有种联系。这种明显关联背后的生理机制则仍未可知。

A. 韦克林和 G. F. M. 罗素于 1970 年研究调查了体温调节

情况，受试者是 11 名患有神经性厌食症的女性。神经性厌食症是一种可能会危及生命的饮食失调症，其特征为患者会自行限制进食，有极强烈的变瘦欲望，且十分恐惧体重增加。（研究中另有 11 名健康的女性参与，作为对照。）[11] 大部分患者尽管都体重过轻，但仍认为自己太胖。虽然她们吃得很少，但还是会催吐或滥用泻药。我们都知道，长此以往，可能会出现心脏损伤、骨质疏松、不孕不育以及其他与营养不良相关的疾病。

11 名患者在入院治疗时进行了身体检查（包括营养不良状况），并在进食后再次进行了检查。检查包括测量口腔温度和皮肤温度对热刺激和标准餐食的反应。研究人员发现，病人变得基本上对任何温度变化都不太敏感。由此可知，神经性厌食症似乎与温度调节能力受损有关。临床证据与体温控制障碍有关。患者四肢发冷、发青，身体组织和毛细血管床受损，而且往往会说自己很冷。的确，对有些人来说严重营养不良会伴随体温过低的症状，甚至可能会危及生命。

想对神经性厌食症患者展开研究通常比较困难，因为很难找到大量样本。样本量较小意味着我们迄今为止的结论大部分具有推测性。但理论结论与"食物摄入受控于下丘脑（温度调节区域）"这种观点相一致。通过手术方式破坏下丘脑核团（腹内侧核），就会导致大鼠暴饮暴食，继而引发肥胖；[12] 而大鼠下丘脑的最外侧区域（远离核团）的双侧病变则会导致主动绝食，最终引起死亡。[13] 新研究将结果扩展到了其他物种身上。例如，

第 ❽ 章 从抑郁症到癌症

对山羊[14]和大鼠[15]的研究呈现出一样的结果，表明腹内侧核参与了食物摄入的调控。请注意，人类大脑中的下丘脑非常小，所以研究难度之高众所周知。然而，论及人类，观察结果表明，大脑这部分结构的病变可能导致肥胖或过瘦。[16]

尽管我们已经发现，下丘脑的某些部分在体温调节中主要发挥了恒温器的作用，但我们也注意到，这个结构不仅仅会作为恒温器出现，还兼具调节各种基本代谢过程（例如睡觉、疲劳、昼夜节律和依恋行为等）的功能。同样，研究人员仍必须警惕逆向推理。下丘脑非常复杂，单独的神经区域并非只负责一种行为或机制。此外，我们知道，人体处于热应激状态时，视前区就会成为控制散热的区域。[17]食物摄入与温度调节之间的联系并非随机的。二者都具有新陈代谢性，且都间接参与了对身体能量平衡的控制。我们要记得，韦克林和罗素研究了神经性厌食症患者，并在研究中推测，食物摄入调节障碍可能与无法调节体温有关。

关于神经性厌食症的早期理论主要强调的是心理起源，包括儿童期时遭受性虐待和在不和谐家庭中成长所带来的情感创伤。此外，被认为与神经性厌食症有关的心理因素还有一些，例如焦虑、孤独、自卑和抑郁等。曾几何时，基于文化层面的"理想身材"理念的社会心理学原因也甚为重要。但最近的各项研究检验了遗传因素（该疾病具有高度遗传性），以及过度活跃的下丘脑-垂体-肾上腺轴（导致激素调节功能减弱）等几个方面。厌食症与抑郁症之间的关联并不仅仅是某些人提出的因果关联而已。同厌食症一样，抑郁症的早期理论也主要认为这是一种心理疾病，但最近的研究则以身体及社会环境失调为研究对象。在这种情况下，医学和心理学将继续各自漫长而稳定的旅程，将神经功能视为身体现象，将大脑、神经系统以及所有其他身体部分纳入单一的生物体整体中。

人们尽管没有忘记大脑是所有精神疾病源头的理论，但也越发认识到，更准确的说法可能是，心境障碍，尤其是抑郁症，具有大脑-身体失调的特征，不仅涉及中枢神经系统和周围神经系统，也涉及所有对中枢神经系统产生影响的因素。这反映出人们对心理健康的看法仍处于不断的发展之中，这种观点不仅将大脑视为根源，而且将它看作一个更大、更具包容性的，与身体和社会环境相适应的系统。换言之，从身体各处输入中枢神经系统的各种信号，在认知及情绪状态中都发挥着关键作用。热感信号从外围输入，它可能会对幸福感和抑郁感产生重要影响。[18]

传统来说，理论的侧重点无外乎是（实现和维持内稳态的）体温调节的生理方面。不过，最近的研究则提供了证据，表明参与体温调节的神经机制与情感状态之间的联系，比传统理论所认可的更为密切。我们已经看到，身处环境的冷热与同社交冷暖一脉相承的认知和情感行为有关。大量新近（对啮齿类动物的）研究表明，身体上的温暖会刺激 5-羟色胺的产生。在大

第 ❽ 章 从抑郁症到癌症

众文化中,这种神经递质与幸福感、快乐感,甚至欣快感有关。尽管生物化学和生理学的现实情况极为复杂,但从某种程度上讲,这种观点仍有一定道理。无论如何,临床前啮齿类动物研究表明,温暖的身体会通过激活生成5-羟色胺的神经元,产生类似抗抑郁的作用。由此,我们可以得出结论,温度感知通路与控制情绪的大脑系统相互作用,温度调节能力的减弱可能与情感障碍有关。最令人感兴趣的研究表明,让身体变温暖——激活感知温暖的神经通路——在治疗抑郁症等情感障碍方面可能有一定的潜在效果。

我们都知道,情感障碍患者通常会表现出对温度的不同认知,以及对皮肤温度变化的不同反应,但他们并不能调节体温。有些研究人员甚至还认为,皮肤电导水平(skin conductance level)可能是抑郁症的标志。[19] 情绪与温度之间据称存在很多联系,但根据现有证据,我并不认同存在某种单独的、与心理疾病相对应的生物标志物。无论这种独立的生物标志物是否存在,抑郁的个体似乎都很难调控体温。与贝克通过邮件向我表达的怀疑一致,沮丧的患者的确会对"热"表现出不同的反应。[20]

面对无害的热刺激所展现出的负面情绪反应可能也与抑郁症有关,因为这会削弱人们对令人愉悦的温暖感觉的认知,同时增强对令人不快的过热感觉的感知。[21] 研究还表明,抑郁症患者的出汗量比正常人要少,这意味着他们身体的降温功能较差。2009年,研究人员对三个独立实验室的研究结果进行了元分析研究，在对 279 名抑郁症患者和 59 名健康受试者做出对比后，他们认为，较小的皮肤电导引起的出汗较少很可能是抑郁症患者具有自杀风险的标志。[22] 研究表明，传入的热感信号会刺激 5-羟色胺合成系统及与抑郁症相关的脑区。[23] 这意味着，抑郁症患者的身体不能较好发挥降温作用。

2007 年的一项研究以非典型抑郁与自我安慰行为（例如对巧克力等"安慰性"食物的渴望，以及想洗热水澡热身等）为对象，得出了社交因素、体温调节以及抑郁症之间的可能联系。这些行为是否会用于抵消较低的皮肤温度或社交冷漠？或者，它们只是要触发降温机制，降低交感神经的兴奋水平及情感的唤醒水平，并下调核心体温？还是两种动机会同时存在？回想我们之前的实验，社会排斥会导致人的皮肤温度较低，但拿着热饮则会减少这一负面影响。我认为，身体温暖可以在一定程度上缓解抑郁感，但真正的解决方案势必更为复杂，因为它取决于社会环境、温度以及个体的应对手段之间的关系。在未来几年中，我认为用于详细研究这些关系的技术最终会出现。

降低体温，提高健康水平？

维姆·霍夫（Wim Hof）生于我的祖国荷兰，以"冰人"的称号而世界闻名。他有双重职业，既是极限运动员，也是冰人呼吸法（Wim Hof Method, WHM）的推广者。这种方法将强

第 ❽ 章 从抑郁症到癌症

迫循环呼吸技术与在极端寒冷条件下的冥想相结合，以此改善身心健康。呼吸-冥想的结合与内火瑜伽类似。这是一种藏传瑜伽练习方法，以藏传佛教热与激情的女神命名，密宗瑜伽练习者可以此实现对身体和心理能量的控制。运用冰人呼吸法，霍夫创下了在冰下（188.6 英尺，即 57.5 米）游泳、冰雪上赤足跑完半程马拉松（用时 2 小时 16 分 34 秒），以及裸体站立冰中（共创下 16 次世界纪录，最近一次持续时间长达 1 小时 53 分 10 秒）等吉尼斯世界纪录。2007 年，霍夫只穿着短裤和鞋子，爬到了珠峰 23,600 英尺（7,200 米）高的地方，但由于脚部受伤而未能登顶。[24]

这些成就非同寻常，但霍夫最惊人的观点则是冰人呼吸法对身心健康的积极作用。其中包括免疫系统改善、心理健康提升、运动表现增强、压力减轻、精力充沛、睡眠改善、锻炼恢复速度加快、意志力和注意力增强、抑郁情绪减轻、疲劳恢复加快、纤维肌痛及关节炎缓解、莱姆病后遗症改善、哮喘及慢性阻塞性肺疾病（COPD）控制改善、创造力增强及耐寒力提升等。[25] 我对此仍表示怀疑。任何干预措施都无法实现如此惊人的效果，自不必说这些不可信的主张了。

霍夫确实对冰人呼吸法培训进行了商业推广，但我并不怀疑他的动机和诚信。实际上，我自己经常练习他说的冷水淋浴，而且跟霍夫关系密切的人也认为他是个相当杰出、善良和诚实的人。他对研究持开放态度，如果有科学家想研究寒冷环境中，

227

体温自主调节机制受人为干预的本质，他也很愿意配合。霍夫认为，自己已经找到了通过温度改善身心健康的方法。

奥托·穆齐克等人于2018年进行了一项研究，通过功能性磁共振成像以及PET/CT成像研究冰人呼吸法对交感神经系统（主要刺激人体战斗-逃跑或僵住反应）以及肌肉和脂肪组织消耗葡萄糖的方式的影响。功能性磁共振成像分析表明，冰人呼吸法可以激活大脑的主要控制中心，调节疼痛、寒冷带来的刺激，或许会触发一种反应，唤起压力缓解痛苦。冰人呼吸法还表现出对大脑高阶皮层区域（岛叶前部和右中部）的影响，这些区域都与自我反射有关。

在不适感或压力刺激之下，冰人呼吸法的活动似乎可以促进内部专注力和注意力持久。然而，重要的是，冰人呼吸法对棕色脂肪组织的激活尚且没有证据支持。至于冰人呼吸法这种技能，成像研究发现，强制呼吸会增大肋骨间肌肉的交感神经活动，进而有助于胸廓的移动。这会产生热量，温暖肺部组织，进而温暖肺部毛细血管中循环的血液。最重要的是，2018年的实验结果似乎提供了证据，说明对于霍夫在寒冷条件中的调节反应，中枢神经系统发挥了作用。中枢神经系统与自发机制有关，周围神经系统则与自动机制有关。研究人员认为，自己的研究表明"冰人呼吸法带来了令人瞩目的可能性，即练习者可能会培养出对自动机制的关键部分更强的控制能力，因此生活方式干预或许有潜力改善多种临床综合征"。[26]

第❽章 从抑郁症到癌症

2017年的一份较早研究利用PET/CT扫描衡量了霍夫体内棕色脂肪组织的活性。研究人员发现，内火瑜伽式的呼吸-冥想技巧引发了新陈代谢活动，使无颤抖产热作用增加了40%。这一数值很高，"但并算不上极高的水平"。首席研究员沃特·范·马尔肯·李赫腾贝尔特认为，这也不算是奇迹。他认为，霍夫之所以可以忍受裸身浸入冰水中的极端情况，得益于两点：一是"增加热量产生"，二是"（利用）对寒冷久经训练的精神耐受力（他自己所说的思维转变）"。从另一角度看，研究还认为，霍夫"走出冰水后，也会像其他人一样开始颤抖"。

这些都未能证明维姆·霍夫的主张，但确实意味着在此方面有必要谨言慎行。你或许还记得，我之前对某些神经科学研究表示过怀疑。关于冰人呼吸法的研究并不例外。二者的样本量都很小，所以我们很难信服其得出的结论。范·马尔肯·李赫腾贝尔特确信某些研究的结论，即"轻度寒冷对健康有较大影响"。暴露在极端寒冷环境[39.2℉（4℃），每天20分钟]中，可以提高无发抖产热能力，且冰人呼吸法可能会促进血管自发收缩。此外，冰人呼吸法仿佛确实可以提升练习者的心理健康水平——至少可以改善他们对幸福感的**感受**。范·马尔肯·李赫腾贝尔特提出，"维姆·霍夫的很多学生都变得极为乐观，会在从未体验过的类似'生物能量学强力呼吸'的环节中感受身体的感觉。他们也会尽力突破极限，且完成极端身体挑战后会觉得非常放松"。即便如此，李赫腾贝尔特表示，冰人呼吸法对

"我们健康"的影响"尚待证实",但"人们可能只是**觉得**自己更健康了"。27

冰人的传奇经历其实算是"白璧微瑕"。维姆·霍夫有一个同卵双胞胎兄弟。同卵双胞胎的 DNA 相同,所以为研究人员提供了难得的机会,使其得以研究自然状态和养育状态的影响。维姆·霍夫的双胞胎兄弟平日久坐不动,与"极端"的兄弟形成了对比,但也表现出了相似的棕色脂肪组织活跃性。这表明,相对较高的棕色脂肪组织质量及其活跃性是双胞胎共有的遗传特征,而不是特殊活动或训练带来的结果。因此,在实现"训练"自动温度调节和新陈代谢机制方面,冰人呼吸法的实践方案可能会遇到较大限制。无论如何,关于冰人呼吸法以及后续社交行为的研究尚处于缺位状态,但显而易见,二者之间**应该**存在某种联系。不过,尚不清楚的是,能否证明这种联系是完全正向的。

通过温度治疗

尽管存在上述情况,但维姆·霍夫的经验确实表明,温度可以起到一定的治疗效果。尽管 2017 年的研究(针对少数受试者)发现,冰人呼吸法提高了维姆·霍夫本人体内的棕色脂肪组织活跃性,但并没有达到"极端的程度"。这份研究发表之前两年,另有一份研究也未能证明暴露在寒冷条件中可以增加棕色脂肪组织的质量或提高其活跃性。不过，这份研究确实表明，肌肉葡萄糖转运蛋白的变化为糖尿病的治疗带来了一丝曙光：经历过10天寒冷适应（57.2°F至59°F，即14℃至15℃），8名2型糖尿病患者的胰岛素敏感性可提高约43%。[28]

对冰人的迷恋让我们关注到寒冷温度的诸多益处。此外，很多研究人员都在通过研究全身热疗对抑郁症患者的治疗作用，探寻温暖可能产生的效果。在某些情况中，用于治疗莱姆病和转移性癌症的全身热疗会使用红外线球罩、热室、湿热毯包裹或让患者穿上有热水循环管道的衣服等方法，将全身加热到102°F至109°F（39℃至43℃）。

研究人员已在啮齿类动物身上研究了全身热疗机制的作用，结果表明体温升高会激活生成5-羟色胺的中脑神经元。这种物质和神经元都会参与到自动调节降温中，也会产生抗抑郁、抗焦虑的行为效果。[29] 根据对啮齿类动物的研究，有些研究人员认为，人体的全身热疗可以通过降低核心体温，减轻抑郁的症状。

为何热量会带来核心体温降低这种明显矛盾的效果？这可能是因为外部加热会激活神经回路，并/或使之更为敏感。这条神经回路从皮肤及其他身体组织的生物传感器出发，到达中脑的相关区域，并可回到肢体末端。如果抑郁症患者的皮肤到大脑再到皮肤的通路失调，那么他们调节降温的能力就可能受损，导致核心体温升高。所以，如果我们提高外部体温，自动调节降温可能会受到刺激，由此产生有利于抗抑郁的反应。

如此，寒冷训练可以治愈或缓解多种疾病吗？提升体温的方法能够治愈或缓解抑郁症吗？还是需要更多条件参与？

研究人员对核心体温、褪黑素和睡眠之间的相位关系与抑郁症及其严重程度之间如何联系进行了研究。他们逐渐发现，处于失调状态的昼夜节律——约每24小时重复一次的觉醒周期——可能与非季节性抑郁症有关。暗光褪黑素分泌的时间间隔可以表示中央昼夜节律起搏器与熟睡之间的间隔。有些研究试图通过测量这一指标确定失调的程度，它们得出的数据表明，节律性失调可能是抑郁症的一个成因。

2011年，一项新的研究将暗光褪黑素潜在的分泌失调与核心最低体温和熟睡纳入研究范围。研究表明，昼夜节律失调实际上更为复杂，参与的机制比之前想象得更多。研究人员复现了重度抑郁症患者的昼夜节律失调与抑郁症严重程度之间的最初关系。但他们还发现，熟睡与最低核心体温之间的失调则与更严重的抑郁症有关。此外，研究人员也找到了初步证据，表明抑郁症严重程度与暗光褪黑素分泌和最低核心体温之间存在关联。[30]

综上所述，抑郁症出现的可能相关因素有以下三种：睡眠缺乏规律、暗光褪黑素分泌和最低核心体温。这种发现和认识应该可以强化我们对下丘脑的重视，它不只是身体的恒温器，也是重要的集成器。值得注意的是，这个小小的脑部结构的不同区域与很多方面（比如体温、疲劳感、睡眠、昼夜节律、饥饿感、口渴感及依恋行为等）的变化都有关联。不仅如此，我们现在也知道，下丘脑之中的某个区域可以调节褪黑素的分泌。[31]

癌症、热量及棕色脂肪组织联系

我们刚刚已经知道，温度调节是一个由原因、影响和反馈回路组成的动态机制的一部分。涉及降温或加热的治疗性干预手段可能会也可能不会对该机制产生有益影响。只有经过大量实验、试验、观察和分析，才能得出可应用于医学的观点。但对于糖尿病、抑郁症以及——或许最具有紧迫性的——癌症等疾病，我们或许没有太多耐心。在癌症治疗中，推广热疗所带来的潜在好处很吸引人。

在现代医学中，癌症和热量总是相伴而来。有一种热疗方法会将人体组织暴露在高达113°F（45°C）的温度下，而临床试验正越来越频繁采用此法。这样做的目的是利用热量杀死或破坏癌细胞，同时可以尽量减少对健康组织的伤害。热量会攻击癌细胞，破坏其中的蛋白质和结构，从而可能达到缩小肿瘤的目的。目前，热疗通常会与传统疗法（例如放射疗法和化学疗法等）结合使用。局部治疗技术只适用于攻击单个肿瘤等较小区域，但局部热疗可以用于整个肢体、器官、体腔。此外，热疗也是一种治疗全身转移性癌症的方法，其效果正在验证过程中。[32]

热量在癌症筛查中也可以发挥作用。高分辨率红外成像可

233

以用于检测早期皮肤癌，[33] 很多研究正在测试热量筛查是否可以取代手术活检，用以确定皮肤斑点是恶性还是良性的。由于恶性黑色素瘤新陈代谢率更高，血流量更快，因此可能比健康皮肤表现出更高的温度，且高分辨率红外成像足以检测到这种程度的温度提升。[34]

虽然新兴的和实验性的癌症筛查和治疗方法极具潜力，但我对异常新陈代谢率和温度调节的作用更感兴趣。实际上，这些机制可能会促进癌性肿瘤的形成和发展。目前为止，对该研究领域最具启发性的实验仅在小鼠身上完成过。众所周知，棕色脂肪组织在身体热量生成以及新陈代谢平衡方面具有重要作用。两项通过小鼠进行的实验可能暗示出棕色脂肪组织促进恶病质（癌症中常见的消耗综合征）的方式，因此尤其值得注意。

正如 2012 年的一项研究表明，癌症恶病质、和癌症相关的厌食症与新陈代谢失衡有关。在所有癌症中，以严重新陈代谢失衡为最直接致死因素的比例可达 20% 至 30%。研究人员研究了特定类型的肠肿瘤对小鼠棕色脂肪组织的影响，及其对细胞脂质合成及分解能力的扰乱。作为对扰乱作用的反应，小鼠中的棕色脂肪组织得以激活，并产生热量。此外，昼夜节律的黑暗周期中也存在身体热量生成现象，且通常与体温较低，而非体温较高相关。研究人员由此得出结论，在激活棕色脂肪组织产生身体热量的过程中，小鼠因这种类型的癌症而产生体重减轻现象，进而刺激了能量消耗的出现，因此对厌食症产生了适应不良的反应。他们还进一步指出，由于荷瘤小鼠处在 71.6°F（22℃）的环境中，温度可能会引起小鼠的冷应激，所以棕色脂肪组织的激活可能也与动物无法维持核心体温有关。[35]

这项研究之所以重要，是因为其暗示出癌症与新陈代谢、昼夜节律和温度调节之间的动力机制具有关联性。也就是说，癌症的消耗效应与新陈代谢和温度调节异常有关。至少，在小鼠身上，癌症恶病质中的肿瘤生长以及棕色脂肪组织都得以激活，引发了致命性的适应不良后果，即人体为了维持生存必需的热稳态而蚕食自身。对小鼠的研究颇具启发性，它从小动物向人类跨越了一大步——其中很重要的一点是，小鼠体内的棕色脂肪组织比人类的要丰富得多。

2016 年的一项研究旨在探究人类乳腺癌的发生和发展。该研究将人类乳腺癌肿瘤细胞通过脂肪细胞异种移植（将某种器官、组织或细胞从一个物种移植到另一个物种）[36]转移到小鼠身上。研究人员专注于脂肪细胞的表现。这些细胞专门用于脂肪的储存，且已知可以促使乳腺癌恶化。无论是在小鼠的细胞中，还是在被移植入小鼠的乳腺肿瘤细胞中，移植都增加了棕色脂肪组织标记物的表达。移植物产生的影响中，有一项是 COX-2 的增加。这是一种会引起炎症的蛋白质，同时会刺激米色脂肪细胞的形成。通过使用 COX-2 抑制剂 SC236，肿瘤生长会受到抑制。

研究人员给小鼠注射了可在体外（在实验室中，小鼠的身体外）诱导棕色脂肪组织发育的因子后，小鼠体内出现了更大的肿瘤。研究人员还发现，在通过异种移植而不断生长的乳腺肿瘤细胞，以及小鼠身上自带的肿瘤组织中，都有棕色脂肪组织标记物的表达，且两者都包含类似棕色脂肪组织细胞的细胞。考虑到棕色脂肪组织激活的减少会缩小肿瘤，而棕色脂肪组织激活可能使乳腺癌恶化，若将前文证据与两者结合考虑，研究人员推测，棕色脂肪组织很可能是治疗性乳腺癌药物的试验标靶。

第二年，也就是 2017 年，另有一项研究面世，以棕色脂肪组织对乳腺癌的影响为进一步研究的对象。研究人员发现，棕色脂肪组织的存在与人类表皮生长因子受体 2（HER2）的表达有关，棕色脂肪组织的缺失可能是乳腺癌的一个预后因子。2018 年的一项研究称，经过以 142 名患有不同癌症（乳腺癌、淋巴癌、肺癌、胃肠道癌、黑色素瘤、泌尿生殖道癌、甲状腺瘤以及不明原因肿瘤/癌症）的患者为样本，研究人员发现，比起棕色脂肪组织-阳性但未患恶性肿瘤的患者，患有恶性肿瘤的患者的棕色脂肪组织活性要更高。[37] 这表明，棕色脂肪组织在癌症发展过程中发挥了一定作用（尽管这项研究具有相关性，如此最多只具有推测性）。使用氟脱氧葡萄糖（一种示踪物质，表示与葡萄糖摄取相关的组织的代谢活性）进行 PET 扫描后发现，142 名患者体内均存在棕色脂肪组织，但与非恶性肿瘤患者相比，恶性肿瘤患者棕色脂肪组织含量更高，由此可见，尽管通常人们会期望棕色脂肪组织在抑制肥胖方面发挥积极作用，但棕色脂肪组织也会带来负面影响，正如 2018 年那项研究中的主要研究人员总结的：未来，"调节棕色脂肪组织可能有助于癌症治疗"。

同生独死

在温度调节方面，实验研究人员显然已经走到了科学前沿，医学和药理学的研究人员也与之并肩同在。直接热疗方法——包括身体降温及加热——以及治疗性药物、生物制剂和基因疗法都带来了令人振奋的前景。目前，尚没有可以支持棕色脂肪组织与依恋或社交网络之间存在关联的人类研究。研究的缺失是现实技术导致的。因为直到最近，棕色脂肪组织检测的唯一方法也还是电子计算机断层扫描，但对理想的大量研究来说，这种方式过于具有侵入性。目前，我们只能猜测——尽管是有根据地猜测——相对离群索居、孤立和孤独的人，身体中的棕色脂肪组织可能更多。

这就意味着——当然我们还需要更多研究来证实——对多样社交网络的依恋可以分配温度调节所需的新陈代谢负担，从而降低对棕色脂肪组织的需求，或许类似的是：比起与其他身体温暖者有肢体接触的人，拥有多样化社交网络的人通常能更有效地实现温度调节。如果社交联系确实可以起到在群体中分配温度调节所需的代谢负担的作用，那么对社会关系足够丰富的个体来说，其所摄取的热量就要高于活动水平所需——包括热稳态所需的活动水平——因而造成体重增加。相反，相对独立的个体，由于缺乏可以分担温度调节代谢的群体，就会使用发展和调动棕色脂肪组织进行保暖。已故的芝加哥大学约翰·T. 卡西奥波（John T. Cacioppo）教授与他人共同开拓了社会神经科学领域，将对社会联系的渴望与饥饿等紧迫的生物性驱力相提并论。[38]

冰人呼吸法、医疗干预以及利用低温或高温环境进行温度治疗等自助方式，为身心健康的改善带来了希望，但要想成功实现和维持热稳态，则需要与社交网络间的丰富联系。上述结论通过极具价值的元分析证明，该证明由我的好朋友朱莉安娜·霍尔特-伦斯塔德和她的同事于 2010 年发表。

研究人员希望量化人际关系与死亡风险之间的联系，并将这种死亡风险与其他众所周知的健康长寿指标（比如吸烟、运动和饮酒等）进行对比。朱莉安娜和同事们分析了 148 项研究，涉及 308,849 名受试者。他们感兴趣的是人际关系的巨大作用及其与人类寿命之间的关系。研究结论可以说非常惊人。在预测人类寿命方面，与其他常见的因素（如每天饮酒不超过 6 杯、不肥胖、不接种流感疫苗以及每天吸烟不超过 14 支等）相比，人际关系的复杂性具有更强的预测作用。其预测作用的强大效果可通过图 1 体现。当然，这并不意味着拥有人际关系，就可以肆意尝试一种或多种高风险行为。但这一发现确实表明，社会联系应该是社会卫生干预中最重要的焦点之一。[39]

第❽章 从抑郁症到癌症

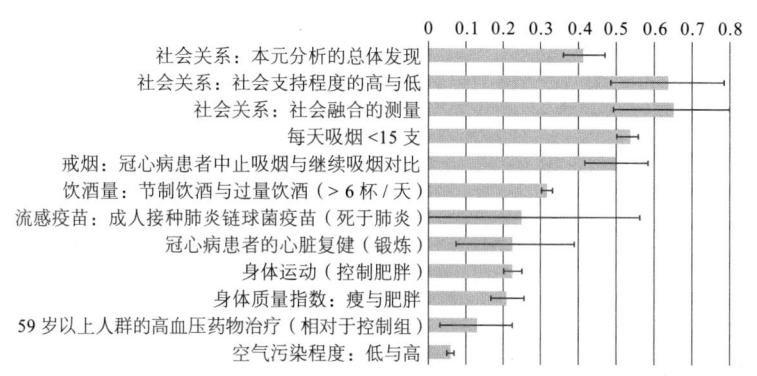

```
                                         0  0.1 0.2 0.3 0.4 0.5 0.6 0.7 0.8
        社会关系：本元分析的总体发现
       社会关系：社会支持程度的高与低
         社会关系：社会融合的测量
                 每天吸烟<15支
     戒烟：冠心病患者中止吸烟与继续吸烟对比
    饮酒量：节制饮酒与过量饮酒（>6杯/天）
   流感疫苗：成人接种肺炎链球菌疫苗（死于肺炎）
         冠心病患者的心脏复健（锻炼）
              身体运动（控制肥胖）
             身体质量指数：瘦与肥胖
   59岁以上人群的高血压药物治疗（相对于控制组）
             空气污染程度：低与高
```

图 1 不同条件下死亡率下降情况的对比

朱莉安娜和同事们的另一项大规模元分析于 2015 年发表，专门研究了孤独感以及社交孤立这两项致死风险因素。在后续的元分析中，他们发现的结果与先前研究中的一样惊人。研究人员发现，社交孤立程度每提高一点，死亡可能性会增加 29%；孤独感每提高一点，死亡可能性会增加 26%；独居每提高一点，死亡可能性会增加 32%。[40]

不要轻信生物标志物

研究人员的假设通常是基于集体经验、已有知识、广泛认同的假设以及常识这种有说服力的信念驱动力。接着，研究人员就会据此设计相应的实验，且通常会得出简化但完全正式且无异议的结论。这种方法的缺陷通常是数据样本量太小。因此，为了弥补缺陷，研究者会扩大样本量，或许是招募大量参与者，或许是对先前研究的数据进行元分析。用两者中任意一种方法汇编大型数据库，都可以带来惊人的结果。

SAD 这一例证切中要点。SAD 是季节性情感障碍的简称，于 20 世纪 80 年代首次被报道并命名，但最早在 6 世纪，一位名叫约尔丹内斯（Jordanes）的哥特学者就已经用这个术语来形容斯堪的纳维亚人身上出现的现象了。[41] 实际上，季节性情感障碍在某种程度上反映了人们的普遍常识，即，比起"良好的"天气——适宜、温暖、明媚，"恶劣的"天气，尤其是寒冷、阴暗的冬天，会让人更觉得沮丧。

2010 年荷兰（这个国家常年阴天，且季节性变化显著）的研究人员进行了一项研究，希望确定为何季节变化会导致抑郁症状。为了招募抑郁症治疗研究的参与者，研究人员在荷兰南部（北纬 51° 15′）进行了一项大型筛查计划，并将数据公布了出来。在初期参与的 217,816 人中，研究人员最开始以前 12 个月的参与者的数据为准，其中，响应调查的参与者共有 14,478 名。接着，他们计算了这一样本中重度抑郁和悲伤心境的季节性发生率（依据 DSM-IV 中的定义），并将数据与日均气温、日均日照时间和日均降雨持续时间进行关联。结果显示，重度抑郁和悲伤心境的出现确实显示出了季节性变化，峰值出现在夏季和秋季。

令人惊讶的是，峰值并没有在冬季出现，毕竟大多数人通常会认为，冬季才是季节性情感障碍的高发季节。然而，更令人意

第❽章 从抑郁症到癌症

想不到的是,天气状况与心情无关,因此不能用于解释研究人员发现的季节性变化。根据这一分析,研究人员得出结论,与通常的观念和认识相反,天气状况和悲伤心境或非常沮丧的心情之间似乎没有关联,哪怕是在荷兰这种冬天非常阴郁的国度。[42]

由此可见,从通常性和简单性方面考虑,冬天不会导致抑郁。在自己主持的研究中,我们也没有发现自述压力与核心体温之间存在联系。一般来说,天气和情绪之间的常识性关联是我们所谓"生物标志物"的核心。世界卫生组织将生物标志物定义为"任何可以在体内或产品中衡量的物质、结构或过程,其可以影响、预测结果或疾病的发生率"。[43]这就意味着生物标志物必须准确且可以复制。可对于心理综合征来说,对此的应用并不容易。2014年,萨米·蒂米米写道:尽管人们一直在寻找可靠的生物标志物,但研究人员并未发现可用于精神疾病的生物标志物。[44]温度调节与癌症或抑郁症之间也是如此。无法进行温度调节不能简单地被视为抑郁症的生物标志物。现实比此要复杂更多。我的同事艾克·I.弗莱德仅仅以抑郁症为考虑对象,于2016年发表了一篇论文,提出了7种衡量抑郁症的量表,涵盖至少52项不同的症状。[45]如此,认为仅通过测量核心体温就能进行抑郁症检测的说法着实令人不解。

更直观而言,如果研究人员操控体温,且受试者称自己的内心因身体变暖而更为积极,那么结论也一样令人难以置信。我现在在格勒诺布尔(法国夏季最炎热的城市之一),于盛夏的雨天里完成这本书的结尾部分。我可以说，在经历过炎热之后，现在的降雨并没有让我觉得沮丧或压抑，反而给我带来了几分喜悦。

社会性温度调节的核心主题是实现温度的内稳态。正面或负面的经验可能会告诉我们，一个人为了实现这种内稳态，究竟会如何表现。抑郁症的情况要更为复杂，但至少起到了类似的作用。对温度进行成功的调节需要更强大的社交网络、调节温度的能力，并要将诸如身高、体重和性别等变量纳入考虑。对于健康而言，温度调节有关键作用，所以它对我们的生活也至关重要。在第5章中，我们发现，社交网络是调节温度的关键，其对于生存来说比戒掉每天6杯酒更有意义。

在最后一章中，我们将讨论的是社会性温度调节和地点的关系，以及"民族特征"和幸福感或许是因温度和天气而形成、改变的。由此，我们会探究历史悠久的思想、各种传统和公认的智慧。我们即将看到，幸福感这一话题自古以来都很重要，但也相当难以探究。

第 9 章
幸福的哥斯达黎加人
——温度、天气和幸福感

我们已经讨论过温度对市场营销和房地产销售的影响，但如果让房地产经纪人自己列出三个对房地产价值而言最重要的因素，那你肯定会得到如下下意识的答复："位置，位置，还是位置。"这一传统腔调经久流传，是英国房地产大亨哈罗德·塞缪尔勋爵（Lord Harold Samuel）于20世纪20年代首先提出的。这一事实表明，房地产营销的口头禅已经表达出人类历史和社会行为中的重要一点。从文明史上看，位置和幸福感的关系源远流长。1516年，英国哲学家、政治家和的天主教殉难者圣人托马斯·莫尔爵士（Sir Thomas More）用"乌托邦"为最极端的哲学冠名。这也是那本虚构理想岛国之书的标题。但发明这一概念的并不是莫尔爵士。在神话、宗教、大众文化和商业中，无限幸福之地的概念非常普遍。实际上，这一理念推动了整个度假产业。

陶渊明（365？—427年）是中国六朝时期的诗人，他曾经写过《桃花源记》，用抒情手法描绘了为世人所不知的幸福之地。在英语中，对中文描述的这个地方的对等表达就是**乌托邦**。《旧约》中提到的第一个陆地就是伊甸园，那里不仅是乌托邦，更是尘世的天堂。伊甸园一直是衡量犹太基督教文化传统的基准，可以表示从毛伊岛到迪士尼乐园，从大溪地到拉斯维加斯等广大地域范围内呈现出的幸福。一如克里斯托弗·哥伦布曾笃定自己在第三次航行（1498—1500年）发现的新大陆是伊甸园一样。在如今海地和多米尼加共和国之间的加勒比海伊斯帕尼奥拉岛上，哥伦布致信自己的支持者——卡斯蒂利亚的伊莎贝拉一世和阿拉贡的费尔南多二世："我认为，世间天堂便在此地……这便是您令我探寻的土地。"此外，这位海军上将还描写道：这里"气候温和"。[1]

哥伦布发现的"伊甸园"似乎承载了无限的幸福，但最终，这片土地因欧洲征服者与美洲原住民之间的战争以及不同征服者之间的战争而饱受百年荼毒。毫无疑问，对"应许之地"的追求促使人们穷尽金钱、精力，甘冒风险，不惜大规模杀戮。历史上，这种激烈的活动至少与气候具有一定关系。我们已经知晓，温度调节的紧迫性仅次于呼吸，且已经充分认识到温度

第 ❾ 章 幸福的哥斯达黎加人

调节与社会关系的确紧密交织在一起。此外,我们还发现,温度会极大地影响我们的情感和认知,也会影响我们的孤独感、投资倾向、各种产品购买倾向(尤其是在评估、购买或放弃购买房地产时)。

如此,我们便又要回到一个问题上,也就是人们——从探险家到开拓者再到有开疆拓土之志的君主——不知从何开始就一直在问的问题。我们对温度和幸福感的了解,是否意味着"气候温和"的地方就能养育更幸福、更健康的人?

天气与幸福感

大量研究表明,天气可能会影响我们的情绪和行为。很多人都有一种直觉性或常识性的观念,即抑郁与漫长、寒冷、阴暗的冬季密切相关。然而,在芬兰,人们的自杀率反而与春季相对较高的气温呈正相关。对芬兰自杀率的分析表明,与自杀人数的增加相关的是日照时间的延长,而非温度的下降。这再次说明,触发某种行为的不仅仅是温度(实际上,这项研究尤其表明,温度与自杀人数之间缺乏关联)。在这种情况下,棕色脂肪组织可能会提供某种解释,因为漫长的冬季过后,在相对温暖的条件下,棕色脂肪组织的活动可能会损害温度调节,从而导致自杀率的上升。[2]

另有研究可以更直接地表明,某种气候比其他气候更能引发幸福感。有些研究告诉我们,人们认为,在月平均气温约为65°F(18℃)的国家和地区,人们对生活的满意程度最高。[3]那么,这是否意味着哥斯达黎加人、卢旺达人和哥伦比亚人最幸福,而俄罗斯人、芬兰人和爱莎尼亚人最不幸福?那么俄罗斯人都应该全部逃往哥斯达黎加吗?

万勿轻易得出结论。

历史、神话和常识一直将幸福感与地点联系在一起。哥伦布坚信,自己在伊斯帕尼奥拉岛发现的是伊甸园。他之所以会得出这个结论,依据的仅仅是《旧约·创世记》以及《以西结书》中强大的共同文化价值。在当今时代,对世界各地幸福感进行的伟大且极具抱负的研究表明,幸福感的价值实际上已经深深植根于民族文化之中。世界价值调查就是极佳的例证。这一调查的前身是欧洲价值研究,首先于1981年在简·克尔科夫(Jan Kerkhofs)和路德·德·莫尔(Ruud de Moor)的领导下进行,这两位都来自我之前工作过的荷兰蒂尔堡大学。社会学家们想要验证的假设是:现代经济和技术变化改变工业文明的价值和动机。[4]

1981年以来,随着所涉及的地理及文化样本不断扩大,世界价值调查已经经历了六次"浪潮"。1981年第一次浪潮过后,第二次调查于1990年至1991年进行,第三次是在1995年至1997年,第四次是在1999年至2001年,第五次是在2005年至2007年,第六次是在2010年至2014年。2015年,第七次

第 ❾ 章 幸福的哥斯达黎加人

浪潮开始了。世界价值调查内容广泛，目前数据来自近100个国家和地区，约有400,000人参与，覆盖全球总人口的90%。这项调查涵盖了世界所有主要文化区，囊括了从极端贫穷到极端富裕的国家，旨在建立数据库，为科学家和政策制定者了解全世界人口的信仰、价值观和动力提供支持。世界价值调查的主导者认为，目前得出的结论支持积极经济发展、民主化的假说，也认为容忍度的提高提升了人们对自由选择的认知。他们认为，这会提升人们的幸福感。

的确，研究人员已经列出了"30大关键发现"清单，每项都在一定程度上与幸福感有关。因此，世界价值调查的主要观点可能是，幸福感实际上是所有国家和民族文化的组成部分，即使这种衡量指标很少在国家政策中体现出来——至少目前还没有。

世界价值调查并没有专门研究气候与幸福之间的相关性，但后续研究表明，在处于温度"低于温带"或"高于温带"等气候环境的贫穷国家中，不幸福的"生存"文化正在逐渐演进，因为这两种环境条件对人们的温度调节提出了相当严格的要求。相比之下，这些研究表明，在气候温和的国家，无论人均收入如何，都能培养出轻松、适度的幸福文化。最幸福的文化是能够体现"自我表达价值"的文化，即对自由、社会宽容、生活满意和言论自由的渴望，与仅为了"生存价值"的文化形成了鲜明对比。"自我表达"的文化在富裕国家得以发展，这些国家也处于温度"低于温带"或"高于温带"气候环境中，对温度调节也有重要需求。

毫无疑问，幸福感是重要的文化问题。这种观点最著名的体现之一就是美国 1776 年《独立宣言》。这份宣言的主要起草人托马斯·杰斐逊（Thomas Jefferson）向启蒙哲学家约翰·洛克（John Locke）借用并列举了三种"不可剥夺的"人权：生命、自由和"对幸福的追求"。值得注意的是，"生命"和"自由"这两项是直接从洛克处借用的，但洛克提出的第三项权利"财产"，则被幸福感的概念所取代。

我也坚信，气候对我们幸福感的塑造有重要作用。但首先，我们必须要从更细致的角度定义幸福。我们不妨暂且认同最近的研究成果，轻松文化中适度的幸福感与温和的气候有关，与财富的存在与否无关，而不幸福的生存文化则与不温和的气候相关——但只在贫穷时，二者的相关性才会出现。从贫穷到富裕的改变，使得不温和的气候与最大限度的文化幸福相互关联。仔细阅读杰斐逊的话，我们可以知道，他并不是简单地将洛克提到的**"财产"**换成了**"幸福"**。他所指的是对幸福的追求，包括除了消极状态之外的所有。**"追求"**表明耕耘，表明要投入精力，包括在温度显著低于或高于热中性区的气候中进行温度调节所需的代谢能量。

探索温度、天气与幸福感之间关系的过程中，我们再次发现，自己很容易得出温度与情绪以及温度和行为之间的简单结

第 ❾ 章 幸福的哥斯达黎加人

论。此处提到的研究确实表明，天气可能会对生活造成影响，但我要解释的是这些影响为何不及常识和普遍认知中暗示得那么强烈、那么直接简单。我希望，在解释温度波动及其对幸福感的影响方面，这些见解有助于我们做出更有依据的推测。

温度是环境的一方面，通常需要我们有意识地关注和努力。有些环境比其他环境更容易应对。与热中性区相比，变化最小的环境需要的代谢能极少，但更极端的温度条件会给人们带来额外挑战。有些人未能经受住挑战，而有些人则会研发集中供暖和中央空调等技术。技术需要更多样的社交网络和更高水平的社会协作，正因如此，温度调节才会参与对更复杂的社交网络的维护。在组织不良或缺乏某些重要自然资源的社会中，极端温度可能会引起巨大的痛苦、疾病或死亡。但在较发达的社会中，特别是拥有战略资源的社会中，不温和的气候则会促使技术出现，促进商业发展，并创造财富。

然而，随着我们渐渐走入 21 世纪，进化带来的文化影响会使全球气候经历前所未有的变化，使得极端天气给我们带来新的挑战。感觉冷的同时心情不好？握住有热茶的杯子可能会让你感觉舒服一些，哪怕只有一小会儿。但这样做并不能提高社会应对气候变化的能力。文化并不是个体层面的放大——这是科学家和普通人通常会做出的错误假设。在个体、社会、国家和全球层面，我们必须学会有效应对温度和温度调节。从幸福感、健康和长寿等方面看，此举意义非凡——且与生存的关

249

系更为直接。首先,我们对社会性温度调节的理解,要详尽到能够共同研发新方法,应对热量内稳态带来的新挑战。但温度并不能带来快乐或悲伤,也不能让我们变得富有或贫穷。它促使我们去应对、适应和创造。各国政府必须通过大型研究项目,加深我们对人类企鹅本性的理解,掌握可以更有效分配稀缺收入和其他资源的知识,设计和执行以社会为基础的应对策略。毕竟,我们不能为了气候就全都搬到哥斯达黎加。

都是 SAD 惹的祸

SAD(季节性情感障碍)的出现确有道理。到了冬季——空气中透着寒意,地上满是落叶,树枝光秃秃的,鸟儿也已经迁徙他处,这种情况下,你觉得情绪不佳也很正常,有这种感觉的并非只有你一个人。我们可以假设季节性情感障碍是种典型疾病,"证明"了这样一种观念:天气,尤其是温度,会让我们觉得不快乐,甚至有些压抑。美国政府机构美国国家心理健康研究所将季节性情感障碍定义为"随季节而发生或消失的抑郁症,通常从深秋和初冬开始,在春季和夏季逐渐消失。与夏季相关的抑郁症状可能发生,但比冬季出现的季节性情感障碍要少得多"。美国国家心理健康研究所列举了一系列症状(其中包括重度抑郁的很多症状),并明确规定,对季节性情感障碍的诊断需要"完全符合重度抑郁条件,且符合特定季节(冬季或

第 ❾ 章　幸福的哥斯达黎加人

夏季出现)至少达 2 年"。[5]

不过，回顾第 8 章的研究，我们可以看出，作者得出的结论是，天气状况似乎与悲伤的情绪或压抑无关。从个人经验来看，我觉得非常令人信服的一点是，这项研究的作者与马斯特里赫特大学以及马斯特里赫特大学医院有关。假如在我的祖国荷兰，在这样一个天气多变且阴沉的国家，都找不到关于季节性情感障碍的有力证据，那么还能在哪里找到呢?

地球之上，人类是分布最广泛的动物物种，这一事实证明了我们拥有难以置信的环境适应能力，包括天气可能带来的新情况，甚至是极端情况。在第 3 章中，我得出了这样的结论，人类的内温性使我们能更灵活地生活在各种环境中。如果从这个角度考虑温度调节和抑郁，那么天气和情绪之间实际上可能没什么大联系。鉴于人类具有内温性且其带来了灵活度，我们可以预见，人类有在新的环境温度中适应新环境的潜力，甚至个体的个性变化也可以应对新环境或已知环境中极端情况的要求。

韦文琦等人 2017 年的一项研究对此进行了验证。这份研究旨在利用 59 个中国城市的数据以及 12,499 个美国邮政编码区域的数据集，揭示环境温度与个性之间的关系。研究人员将"温和"的温度定义为 71.6°F（22℃）左右。其结果表明，成长在温度高于温和温度地带的人，在与社会化和稳定性有关的特质（如宜人性、责任心和情绪稳定性）上评分更高；在与个人成长和"可塑性"有关的特质（如外倾性和开放性）上评分也较高。而成长在温度低于温和温度地带的人，对上述特质上的评分则更低。（请注意，研究人员仅将该地区土生土长的人纳入研究范围。）然而，韦文琦和同事们还发现，对于在低于温和温度地带中长大的个体来说，气候对他们个性提出的适应性要求更高。

由此，关于个性的发现无疑会使温度与情绪之间的关系显得更为复杂。显然，气候与个性之间存在牢固的关系，这表明虽然人类可以适应外界，但这些对个性的影响可能只有经历漫长的岁月才会被激活。我不得不承认，最开始，我对韦文琦等人的研究表示怀疑。期刊编辑在决定是否发表研究之前，通常会请科学家对其他人的研究成果进行评议。编辑联系的评审人通常是具有相关专业知识的人。坦诚而言，我被选为韦文琦这篇文章的评审人，且我给出了不予发表的建议。幸好编辑没有采纳我的建议。不过，我确实要求作者进行补充分析，于是作者对材料进行了汇编——事实证明，我错了（再次错了！）。

尽管心存疑虑，但韦文琦及其同事的研究让我想到了他们的研究与第 5 章提到的人类企鹅计划之间的关联。对于那项计划，我们的结论之一是，生活在远离赤道的地方的人们在社会多样性上的评分较高，反之则低。远离赤道的地方很可能拥有更不温和的气候，气温较低。这是否与韦文琦等人的结果相背离？毕竟他们的研究表明，生活在较不温和环境中的人们在宜人性、开放性和外倾性等因素上的评分更低，反之则更高。其

第 ❾ 章 幸福的哥斯达黎加人

实二者并没有必然联系。韦文琦等人得出的结论是，生活在更温和气候中的人更为积极。但更值得注意的结论是，生活在较不温和气候中的人，适应环境的能力更强。

通过韦文琦等人的研究，我汲取到的内容是，如果所处环境较不温和，那么人们面对严苛的天气和气候，就会表现出极高的适应性。个体会与他人结成各种人际关系，包括与亲密之人的关系，包括以互惠为基础而与陌生人建立的关系，也包括以交易为基础与银行经理建立的关系。参与这些关系时，我们真的需要首先成为一个"好"人吗？荷兰是欧洲资本主义的主要发源地，作为一个荷兰人，我要对上述问题给出否定的答案。我们都知道，企鹅生活在南极的极端环境中，恶劣的条件驱使其采取能实现社会性温度调节的抱团行为。企鹅的抱团需要依靠企鹅群体，但现代人类选择了创造多样化社交网络以实现社会性温度调节，而非一味追求更大体量的社交网络。这些群体的多样性会带来更为复杂的关系，并非所有关系都要求人们成为"好"人，更不用说非常具有宜人性了。因此，多样化社交网络是对较不温和温度条件的社会性适应。在这一点上，韦文琦等人的研究结果与我们在人类企鹅计划中得到的结果似乎具有一致性。

人类不会简单地或无能为力地屈服于极端温度。适应是人类进化的本质，任何将温度与情绪及行为之间的关联局限在相关关系中的尝试，肯定会面临阻碍，因为人们拒绝软弱且被动地成为温度的受害者。在对温度与行为之间的关系以及温度与个性之间的关系进行研究时，技术手段和其他社会性适应会使之变得越发困难，也越发迷人。此外，作为人类企鹅计划的一部分，我们设计了STRAQ-1用于衡量个体在渴望社会性温度调节方面的差异，最后也确实发现了显著差异的存在。无论还能说明什么，这至少提醒我们，文化不是个体的放大，也不是个体相较于文化的缩小——就此而言，任何个体也都不是整个群体的普遍代表。

如果我们将性行为纳入社会行为的范围内，就有可能发现，随着温度的升高，很多昆虫会朝着一妻多夫的方向发展——雌性会和多个雄性交配，但随着温度的下降，昆虫表现出的则是交配频率的提高。以广泛用于实验室研究的拟暗果蝇为例，我们会发现其一妻多夫的状况与温度降低有关。如果这种果蝇的雌性出现在纬度较高的地带——远离赤道——则会出现交配更频繁的现象。[6]尽管关于温度与人类性行为之间关系的数据尚不充足，但性行为可以通过运动和皮肤接触成为应对温度降低的方式。然而，一妻多夫制能否成为女性应对温度下降的方式之一，目前尚未明确。我们知道的是，伊芙琳·萨蒂诺夫得出过结论，人类性行为与温度调节行为之间确实存在重叠——然而，这并不是由于某种因果关系，而是大脑已经针对各种形式的动机行为发展出了相应的机制。温度调节与性行为之间甚至可能并不存在任何关联，只是它们都受大脑中相同的

第 ❾ 章　幸福的哥斯达黎加人

区域控制。

如果关系确实存在,那么适应性与季节性情感障碍之间到底存在何种关系?统计学家和科学家将主要影响与其他自变量引发的相互作用进行了区分。对于考试成绩较差的学生来说,更努力刻苦地学习可能是一种主要影响,会提高成绩。请老师补习的作用也是一样。考试中饥饿感的降低可能也会对成绩有所影响,但不太可能是主要影响。与季节性情感障碍相一致的症状确实存在,但季节性情感障碍似乎并不是重度抑郁的主要影响因素。大多数人都可以适应季节性压力,包括冬季温度较低引起的代谢需求和季节性光照周期变化(比如冬季日照时间减少)导致的昼夜节律失调。只有不能充分适应这些压力的人,才可能确实受到能量消耗和随之而来的情绪症状的困扰。

20世纪末,荷兰格罗宁根大学医学中心的研究人员发表了一份关于纬度与季节性情感障碍患病率关系的研究。这份研究的主要假设是"季节性情感障碍由光照周期变化所引起",应该与我们得出的"距离赤道越远,日照时间越少,季节性情感障碍出现概率越高"的结论相一致。通过对当时22份可用研究进行的回顾和分析,研究人员发现北美地区人群季节性情感障碍的平均患病率是欧洲地区的两倍。尽管北美地区季节性情感障碍的发生率与维度之间存在明显正相关的关系,但在欧洲地区,这种相关仅表现为"趋势"而已。虽然科学家们经常使用"趋势"表明自己察觉到某种效果,但仅仅注意到"趋势"并没有

255

实质性的意义。[7]

1989年，利奥拉·N. 罗森（Leora N. Rosen）等人对美国四个不同纬度地区季节性情感障碍的发病率进行了研究。自北向南，这四个地区分别为新罕布什尔州的纳舒厄、纽约州的纽约、马里兰州的蒙哥马利以及佛罗里达州的萨拉索塔。研究人员将季节性模式评估问卷（SPAQ）邮寄给上述四个地区的人们。该问卷中的问题包括"一年中最令你感到舒适的季节、社交活动最多的季节或体重减轻最多的季节是哪个？""一年中午觉最多的季节是哪个？"等。研究的样本是从电话簿中随机抽取的，但保持了性别方面的平衡。最终，有1,671名受访者反馈了完整的问卷。（研究人员承认，这种方法可能会造成所谓的"过采样偏差"，因为比起远离赤道的人，回答问卷的人可能对季节性问题更感兴趣。）

这份研究得出的结论是，在更靠北部的纬度地区，冬季季节性情感障碍以及次季节性情感障碍的发病率"明显更高"。［次季节性情感障碍（S-SAD）是季节性情感障碍的亚综合征，即通常被称为"冬季忧郁"的疾病，患者报告的症状比正式诊断出患有季节性情感障碍的人症状更少、更轻微。］然而，纬度与夏季季节性情感障碍的发生并没有关系。值得注意的是，冬季季节性情感障碍与纬度间的相关关系主要出现在35岁以上的人群中。研究人员指出，不像就业机会、生活成本和退休人士可获资源等地域性变量，其研究并没有明确年龄（作为季节性

第 ❾ 章 幸福的哥斯达黎加人

情感障碍的影响因素之一）与纬度的关系。[8]前文中几项因素均有可能影响个体的应变能力和适应性。

通过上述结果，我们可以得出结论，纬度对季节性情感障碍的发生具有"较小"影响，但是气候、遗传易感性和"社会文化背景"等因素对季节性情感障碍的发生的影响则更为重要。不同的日照时长（与纬度相关）在研究中并未被当作季节性情感障碍出现的主要原因，剩下三个因素包括一种地理因素——气候，以及另外两种与人相关的因素——基因和社会文化背景。这与积极适应所处位置及气候的需求相一致。然而，尽管已经计算了几个条件（社交网络多样性、个体对社会性温度调节渴望的差异等）的主效应，我们仍然不了解其相互作用的方式。不过，如果一个人生活在较冷的环境中，最好还是寻求多样化的社交网络吧。

WEIRD 世界与真实的世界

早在 20 世纪 80 年代末，季节性情感障碍就已经成为广泛研究的主题，甚至还是公众讨论的话题之一。无数研究，包括我们在本书中引用的一些，都表明季节性情感障碍与温度、日照、季节、纬度以及其他天气/气候方面存在联系。然而，这也表明了研究中的研究缺陷，比如样本量较小，所以不能充分解释，或无法完全解释各种变量。诚如我们所见，最大规模的研究，也就是马库斯·赫伯斯（Marcus Huibers）和同事们所做的研究，提出了一个很简单的问题"天气会让我们难过吗？"，并给出了答案——根据现有数据，天气与抑郁症之间的联系尚无法确定。

由此，我们会发现三种可能的解释。第一，天气或气候并不是抑郁症出现的重要因素，而且季节性情感障碍作为各种症状的集合，可能与天气或气候相关，但并不是重度抑郁的主要致病因素。第二，天气会让我们难过、沮丧或引发季节性情感障碍等，但我们并没有设计出可以证明这一点的研究。（毕竟，我始终相信"没有证据并不等同于证据缺席"。）第三，我们并不能确定前两种解释是否正确，因为对抑郁症的衡量比我们预想的更为困难，甚至科学家们也难以就抑郁症的症状达成一致。

如果确定了要研究的症状，我们就可以进而解决衡量症状的问题。在科学层面看，如果无法对事物进行有意义的衡量，就无法对其进行有意义的研究。在社会科学领域，大部分衡量多是针对"WEIRD"①人群（通常是本地大学生）。这就意味着，社会科学家们选择的是这样的年轻人：来自西方的、受过教育的、生活在工业化时代的、富裕的、身处民主的国家和文化中。这些人是大学科研人员的研究首选对象，因为学生们是最容易

---

① weird 在英语中的原意是"奇怪的、古怪的"，本文中的"WEIRD"为五个单词首字母集合而成的缩写。对应正文，这五个单词分别为 Western（"西方的"）、Educated（受过教育的）、Industrialized（生活在工业化时代的）、Rich（富裕的）以及 Democratic（民主的）。

第 ❾ 章　幸福的哥斯达黎加人

被研究的人群。[9]"大五"人格特质——心理学家普遍认可的人格特质，其五个维度包括外倾性、开放性、责任心、宜人性和神经质——并不适用于中低收入国家的人群。在这些国家中，若以针对 WEIRD 国家和文化的"大五特质"为心理测验的基础，则无法对预期的特质进行衡量，因此效度更低。[10]若将针对 WEIRD 年轻人设计的衡量指标，应用于年龄较大的人群，也无法得出令人满意的结果。在人生的不同阶段，每个给定特质以及各个特质之间不同指标的关系并不稳定。心理测验、问卷以及研究都必须考虑受试者的情况。[11]正如我的同事艾克·I. 弗莱德和 J. K. 弗莱克所称，"测量瑕疵测量"。[12]

行为和个性方面的衡量与购买短袜并不一样——没有适合所有人的均码。我们必须就衡量对象以及衡量的方法达成共识，之后必须使用明确的技术对特定人群或多个群体进行研究。我认为，心理学家在衡量我们意图衡量的对象方面已经有出色表现。然而，就衡量工具和统计模型来看，学科尚未达到如物理学或化学一般成熟的水平。为何如此？其实，正如本书中反复提到的，即便是研究诸如人类社会性温度调节等"简单"的事物，也要考虑身材、个性、文化以及"棕色脂肪"数量等方面内容。

不妨思考一下对季节性情感障碍来说较为关键的事物：对人类情绪状态的评估。对于重度抑郁症的研究集中体现了心理学上衡量的问题。艾克·I. 弗莱德也很喜欢像"Native"一样有"gezellig"感觉的咖啡厅,他 2016 年发表的一篇文章指出,不同的研究学科对抑郁症严重程度的评估各不相同。目前,共有 7 种量表可以用于评估抑郁症的严重程度。量表的内容差异很大,共包含 52 种抑郁症症状。症状的数量和种类表明抑郁症已经成为笼统的疾病,难以界定,甚至特异化。因此,使用一种量表得出的研究结果,在使用其他量表时,可能很难得以复现,更不用说将之应用于其他人群中了!这一点极大增加了抑郁症的研究难度。

弗莱德进行了内容分析,对 7 份量表中症状的重叠情况进行了评估。他发现,症状的平均重叠率非常低,为 0.27 至 0.40。实际上,在 52 种不同症状中,有 40% 只出现在单独某份量表中,只有 12% 出现在全部 7 份量表中。在某些量表中,特异症状出现的重叠率为 0 至 33%,复合症状出现的重叠率为 22% 至 90%。弗莱德没有对 52 种不同症状进行提炼,没有减少其数量以求界定出更清晰、明确的症状,只是大胆估计称,保守来说,52 种不完美定义的症状很可能是一种低估。这表明,7 份不同量表间现存的差异状态甚至可能比弗莱德估计的更大。由此产生的问题是,跨尺度的差异与最小重叠率(表示没有共性)的结合往往会导致研究结果只对某份或某几份量表有针对性,进而使得研究结果极难复现,或难以从中提炼出有意义的观点。[13]

对抑郁症严重程度的衡量建立在一系列症状的基础上。这些症状建立了阈值,可以对一个人是否抑郁进行分类。如果抑

第❾章　幸福的哥斯达黎加人

郁症确实是一种有普遍认可症状的单一疾病,那么这会是一种有效的方法。但是弗莱德所做的分析表明,从归属于"抑郁症"症状的数量和种类来看,对于哪些症状可以判定抑郁症的存在,哪些与抑郁症严重程度的衡量最无关联,人们尚未达成共识。这并不代表"抑郁症"不是有意义的标签,也不意味着它不是一种有效的诊断。实际上,抑郁症是二者的结合。但这的确表明,抑郁症的治疗比我们通常认为的更为复杂。

弗莱德和另一位研究人员伦道夫·M.内萨引用了"大量研究"。这些研究揭示出,悲伤的情绪、失眠、注意力不集中和自杀倾向等抑郁症表现症状,不仅本身就是独特的现象,而且就其背后的生物学原理和各自带来的风险而言,这些症状之间也具有很大差异。然而,将彼此分明的"症状"合并到一份总量表中用于估计抑郁症的严重程度,会对研究(包括为发现、制定或应用更有效的抗抑郁药而对抑郁症生物标志物进行识别的研究)造成阻碍。[14]

直到19世纪,科学才普遍被称为"自然哲学"。现代科学家通常坚持否认自己是属于某种类别的哲学家,但我们确实认为,无论身处何种科学领域,我们在学术上都要依靠至少一个重要的哲学领域:认识论。哲学的这一分支致力于研究知识和信念的本质,提醒我们不能理所当然地认为,基于现象观察得出的结论都具有有效性。以对抑郁症的研究为例,我们能在何种程度上准确描述、衡量现象,能在何种程度上评估用于识别、描述我们所谓抑郁症的症状的语言？由于问题极为复杂，我们只能得出这样的结论：很少有人能兢兢业业解决研究背后的认识论问题。我们究竟是将假设适用于现象，还是仅仅适用于语言表达？

这是弗莱德和同事们在对抑郁症研究进行批判性检查时提出的更广泛的问题。此外，就科学研究结果极高的复现失败率而言，原因之一就在于很多科学研究未能回答上述问题。大众媒体将复现危机视作学术道德危机、欺诈盛行的表现。然而，遗憾的是，尽管有些实验结果确实是捏造的，但弗莱德等人指明，复现结果时之所以会失败，更可能是因为未能定义恰当的测量对象和测量方法。认识论的目标是尽可能接近现象，同时免受主观术语的影响，因为这些术语中，有的很难理解，有的定义模糊。这是一个在一般意义上非常重要的问题，而在关乎温度、天气、地点、情感以及幸福感等方面的假设中，这一点体现得最为明显。

从被动性到适应性

我们知道，温度调节依赖于遍布身体的整个原始系统，由从下丘脑等高级神经系统到皮层这一最高水平的系统进行调节。此外，体温调节也超越了身体和大脑，延伸到他人、社交网络、社会整体，当然也包括构建技术环境的文明本身。正因如此，

第 ❾ 章　幸福的哥斯达黎加人

我们才会遇到凌驾于一切之上的结论：世界非常复杂，远非以简单关系为基础进行的假设所能想象。

我们不妨再次思考社会的复杂性，以及个体行为为何难以用于对文化的推测中。科学家有时会简化复杂的特征。举例来说，保罗·A. 范·朗格等人在 2017 年发表了一篇论文，试图用一种简便的术语表示"世界范围内的冲突与暴力"。他们选择的是"CLASH"，即"CLimate, Aggression and Self-control in Humans"（"气候、侵略以及人类的自我控制"）。该假设认为，世界呈现出一幅攻击与暴力的图景，表现出了"实质性差异"。[15]

关于人们更具攻击性的原因，你当然可以给出不同假设，而其中之一就是气候。虽然范·朗格等人对目标文章的评论表明，接下来我们要探讨的解释可能并不是很好，但我们不妨就从这一假设出发。有人认为，生活在温暖气候中的人，会更频繁地进行互动，即例行活动理论。但其他理论也存在，比如表明温度升高对暴力行为的影响的各种实验性研究。[16] 对此典型的解释是，温度的升高可能会让人失去控制，进而爆发怒火。CLASH 这篇文章背后的原理很简单，仅仅基于这些影响，作者们认为可以将个人的行为扩展到整个文化中，因此才会假设，若是生活在更温暖的气候中，人们会因为自我控制程度更低而变得更有攻击性。他们对此给出了理由：较低的温度和更大范围的季节性气候变化（二者都出现在远离赤道的地方）会促使人们更加关注未来，而非当下。（可以回忆一下之前提到的关于沃伦·巴菲特的隐喻，我们以此说明了慢节奏生活的历史。）由此，作者们提出假设，在距离赤道较远的国家中，人们的自我控制能力更强。

最初看到这个假设时，我第一反应就是表示怀疑。我和同事们进行的人类企鹅项目大概也是在同一时间。恰好，范·朗格和同事们提出，他们对假设的研究需要以数据为基础。出于人类企鹅项目的需要，我们接触了机器学习，所以正好可以设计一个完美测试。此外，我们的数据集应该能很简便地检验他们的预测。在我们的数据集中，影响会被放大，因为"数据点"之间差异很大：我们只选择一个真正靠近赤道的国家，也就是说气候带来的影响会被放大，所以更有利于验证范·朗格的假设。在使用人类企鹅项目对 CLASH 项目进行分析时，我们收集了 1,507 名参与者提供的关于纬度、自我控制能力和很多社会预测因子的数据。数据来自十几个不同的国家，国家所处位置与其到赤道的距离各不相同。[17]

我们发现，与赤道之间的距离和自我控制能力之间的联系非常脆弱。但由于数据集非常庞大，所以肯定应该能表现出更为明显的影响，这主要是由第 5 章中讨论过的过度拟合造成的。这些影响并不真实。将与赤道之间的距离和其他变量进行比较意义更大一些。在确定自我控制水平时，与赤道之间的距离到底有多重要？对此的回答是：这和一个人会讲塞尔维亚语一样重要——简单来说，就是根本不重要。

第 ❾ 章　幸福的哥斯达黎加人

我本人支持的观点是：人类发展的历程非常复杂，和贾雷德·戴蒙德在《枪炮、病菌与钢铁》[18]中描述的一样。CLASH模型忽略了很多我们在本章中讨论过的因素——与人类个体行为以及区域和国家人口行为密切相关的影响、效应和变量的广泛性。值得关注的是，我们确实发现了自我控制方面的另一重要指标：人们是否会在依恋中表现出焦虑。换言之，与气候相反，社会环境预测了自我控制——因此，也预测了可能的暴力。人类文化和心理学因此不是简单的个体集合，为此不应将某一种模型普遍概括化和过分简化。

另外，还请回忆这一点：只有人们无法有效应对气候的需求时，温和的气候才会与不幸福的感觉产生联系。我之所以喜欢戴蒙德的作品，是因为他指出了相当繁复的历史发展历程，包括以下事实：对于居住在欧洲和亚洲的人来说，信息交换更为"容易"，因为自东向西的跋涉比美洲人自北向南跨气候带的跋涉容易多了；欧洲军队将病菌带到了美洲，几乎灭绝了全部（且人数更多的）反对力量；欧洲拥有更多可以驯养的动物，因此可以获取更多的食物。为了更好地理解我们如何控制自己，必须将气候与社交网络的多样性、财富、个体应对气候的方式以及运气一起进行共同研究。

当然，复杂的现实不应成为优秀科学研究进行诸多尝试的阻碍。本章之初，我提到了韦文琦关于环境温度和人格特质的论文。我们不妨在更广泛的背景下研究其大胆的假设。作者们并不认为地理条件会以某种方式创造区域性人格特质，反而提出假设，认为人类会适应所处环境，并将人类的适应能力扩展到像个性这样显然固定、不易改变的事物上。韦文琦等人认为，由于所有人都会不断经历环境温度并对其做出反应，所以可以认为温度是一种"关键的环境因素……与个体习惯的行为模式相关"。由此可见，温度必然也会影响个性中最基本的方面。

让我们再回想一下，研究人员以大量中国人为数据样本，此外，他们更是大范围收集了美国人的样本。作者对人格的定义是：影响个人对环境做出反应的各种特质的交互集合，认为所谓的大五人格特质可以归结为两大综合因素，即阿尔法组（宜人性、责任心和情绪稳定性）以及贝塔组（外倾性和开放性）。阿尔法组的特质与社会化和稳定性相关，贝塔组的特质则与个人成长以及可塑性有关。

研究人员认为，热舒适是人类的基本生存需求，因此温和的环境更有可能刺激人们探寻直接庇护所之外的事物，以此实现更大范围的社交互动，获得更多体验。相较而言，两种极端温度会降低人们非必要时外出探寻的意愿。由此导致的结果是，生活在炎热或寒冷气候中的人们社交活动减少，尝试新活动的机会也因此减少。据此，作者预测，在较温和温度中成长的人，对阿尔法组社会性因素和贝塔组个人成长因素的评分较高。研究人员利用其跨文化的大型数据集支持区域环境温度与个性之间的联系，阐述了为何"不同地理区域的人个性不同"这一点

第 ❾ 章　幸福的哥斯达黎加人

无法通过先前的生存方式理论、选择性迁徙理论以及病原体流行理论进行解释。基于全球气候变化这一背景，研究人员预测，与温度相关的个性变化方面将在不久的将来迎来突破。

这份研究选取的样本幅度和深度让我对研究结论深信不疑。然而，同样令人信服的是，研究人员针对生活在较不温和环境中的人群得出的结论。这些人几乎不会以孤独穴居人的生活方式过完一生。研究的发现与我们对社会性温度调节的认识相一致。我们已经知道，生活在寒冷环境中的人不会像毫无生气的室内植物一样枯萎。由于社会性温度调节与大脑更高级的认知中心相联结，且受到以遗传进化为基础的文化进化的影响，所以人们会通过创建各种社交网络，寻求"社会温暖"。即使是生活在阴冷气候中的荷兰人，也会到"Native"和"Brûlerie des Alpes"等地方寻找"gezelligheid"。类似的场所在大多数文化中都颇受青睐。人们并不会屈服于自己遇到的热环境，而是会利用既有环境打造文化、社会和技术环境，构建比抱团的企鹅所拥有的更有效的网络。

温度温和假说——生活在温和气候中的人外出频率更高，喜欢露天市场和聚会场所，喜欢希腊典型的阳光普照的集市——与社会性温度调节假说并行不悖。无论是在温和还是在不温和的环境中，人们都会寻求社会的救济。在气候宜人的地方，人们更容易与他人打成一片——就像宜人沙滩上的聚会！但如果天气更具有挑战性，会对热稳态这一宝贵的资源构成威胁，人们也会寻求彼此的帮助,且行动起来可能会更迅速、更大胆。在两种不同的环境中,人类都会促成社会的形成与发展。

上述两种假说中还有一个相似之处:它们均超越了地点和气候的界限。即使温和与较不温和的气候会催生出不同的人格特质,两种环境条件也都无法"促使"人通过某种特定方式行事。相反,两种环境条件都会推动人们适应自己所处的环境。温度对人类的这种影响可不同于温度对酵母面包的面团的影响。面团只有在温暖的环境中才会发酵膨胀,对此别无选择。行为看似是动态的,但实际上完全没有违背资源的意志。反过来,人们会对通过不同程度的动态适应,对环境做出不同反应。我们选择并采用的适应性反应是否能发挥作用,充分体现了我们每个人相对健康或失调的状况。

后　记

　　勒内·笛卡儿对科学革命有至关重要的作用。尽管出生在法国，但他生命中最具价值的20年是在荷兰度过的。我在此并非要赞美他或贬低他，不过我确实写了一本书，强烈反对他极具影响力的身心二元论的观点。笛卡儿认为身体与思想既相互贴近又彼此独立，如引领船只的"领航员"，只在船上，而非船的一部分。

　　是什么促使我反对笛卡儿的观点？其实，我的依据在于从对体温调节的总体性研究与对社会性温度调节专门性研究中学到的内容。最具有说服力的是，将思想与身体相分离的观点假定我们与其他动物不同。幸好，事实并非如此。

　　并非所有人都认同这一点。正如我在第2章以及其他部分详细论述的,莱考夫和约翰逊的概念隐喻理论就认为,抽象概念会在具体经验中得以体现,因为我们共同体验了二者。他们认为,被照料者抱在怀里时,我们会通过亲身体验亲情的概念和身体的温暖来学习亲情的象征性概念。莱考夫和约翰逊相信,这很明显体现了认知:通过身体经验理解象征性的、认知性的概念。于他们而言,体验认知是对笛卡儿身心二元论的主要纠正。

然而,实际情况并不是这样。虽然我们会共同经历概念及其物理相关性(反之亦然),但由此而来的隐喻是思想的首要产物,也是最终产物。如果你愿意,领航员仍在指挥整条船。这必然意味着社会性温度调节是我们随着思维发展而获得的产物。然而,即使我们假设这种习得出现在婴儿早期,但纵观行为生态学、生理学和发展心理学的研究结果,社会性温度调节也并不是后来习得的机制,而是我们天生固有的。此外,这也是我们与其他内温性动物的共同点。企鹅在南极洲安家,它们像社交动物一样,其社交行为并非以概念隐喻(企鹅怎么知道什么是隐喻?)为基础,而是要找到一种保持足够温暖进而得以生存的方式。个体神经机制及生理机制驱动了企鹅的大规模群聚,并催生了它们复杂的社交行为。这就是社会性温度调节,完全不需要概念隐喻。

企鹅并不能创造隐喻,人类才可以。然而,就社会性温度调节而言,人与企鹅实则毫无差别。我们这两个物种都不会依靠隐喻来产生(对温度调节来说至关重要的)社会行为。莱考

后 记

夫和约翰逊并不认同企鹅的本质。可仅仅因为人类可以创造隐喻——有些确实非常巧妙——并不意味着我们对世界的所有体验都以其为中介。有些体验，包括社会性温度调节，不需要概念隐喻就会出现。创造隐喻的能力将我们与其他动物区分开来，但是攸关性命的温度调节（包括社会性温度调节）将我们与其他动物直接连接在一起。

◆ ◆ ◆

我们再来看看《生活大爆炸》中的谢尔顿·库珀。第 1 章中，谢尔顿告诉我们的不仅是"把热饮拿给感到悲伤或失望的人，就能使这个人振奋"。实际上，他对这种行为的定义是"非可选择性社会习俗"。尽管谢尔顿是虚构的角色，实际上并不是科学家，但他的非可选择性社会习俗不仅让我们将目光从笛卡儿身心二元论转向大脑-身体一致性，也让我们以此为基础，发现大脑、身体与社会之间的一致性。

温度调节通过对人产生的深远影响，调和了身心之间的分隔。此外，对社会性温度调节的研究已经不再仅仅局限于个体内部。尽管企鹅会抱团，人类会编织不同的社交网络，两个物种极为不同的行为背后却具有相同的进化渊源和动力。大量证据表明，无论是对于人类还是其他动物来说，温度调节都会影响我们形成并维护相互之间关系的方式。人类就是企鹅——只不过拥有文化。(至少,这提醒我们,温度并不是社会行为出现的唯一动力。然而,无论如何,我们也不可以逆向推理,认为较寒冷的温度会让一个人拥有更强的社交能力。)

毫不避讳地说,心理学家经常犯错。我说"大量证据"的时候,并没有否认每个研究都是"大量"的一部分。我自己也经常犯错。但我要为自己辩白一下,因为犯错其实是带来了改正错误预测的机会,进而提供了学习机会。不过,关于社会性温度调节在个体间关系建立方面的作用确实有充分证据可以表明,所以我非常自信,会毫不犹豫地将研究发现进行实际运用。我相信,并且也由此预测,我们可以使用关于社会性温度调节的观点令人际关系疗法变得更为现代化。我和同事们将这种方式称为"社会性温度调节疗法"(STT)。通过将传感器和驱动器技术集成到成熟的"情绪取向治疗"(EFT)中,社会性温度调节疗法有助于完善现有的疗法,帮助人们通过温度调节提升亲密关系的质量。

这项工作风险比较高。很多研究表明,成功的人际关系是预测身体健康、心理健康以及幸福感方面最强有力的指标。这种关系可以预测一个人的"生存机会",包括寿命、更高水平的创造力和更强的自尊心。迄今为止,关于关系质量如何影响生存机会的研究主要集中在我们所谓的"高阶"水平上,仅限于有以下特征的夫妻:婚姻中出现的问题更少、健康状况整体较好、对婚姻关系更为满意。

后 记

　　我和同事们则将目光从高阶的结论转向低阶的温度调节问题：体温失调引起的健康问题、温度调节在社会性方面的作用、社交温暖对身体温暖的依赖以及第 5 章和其他章节中讨论过的持续性的活动，即**共同调节**。共同调节表示的是个体持续性的行为举止被伴侣不断变化的行为所改变的情况。对于社会性温度调节疗法，我和同事们有两个问题：第一，在亲密的夫妻关系中，温度调节对于生理调节是否具有关键性作用。我们相信答案是肯定的。那么，第二个问题接踵而来：是否可以开发相关疗法改善夫妻的生理共同调节能力？目前，我们正在尝试研究夫妻之间能否通过外周体温和核心体温实现相互的共同调节。由此，我们希望弄清楚，将社会性温度调节疗法作为现有治疗方法的补充是否可以改善并提高人们的社会生活。

　　约翰·M.格特曼（John M. Gottman）和罗伯特·W.莱文森在其 1992 年的研究中表明，对于成功的人际关系，共同调节不可或缺。他们发现，夫妻双方的积极交流与更低的离婚可能性以及更好的健康状况相关。多年之后，艾米丽·A.巴特勒和阿什莉·K.兰德尔认为，夫妻双方的观点、行为，甚至生理状况都会因双方某种持续性的互动联系受到影响，但实际的机制尚不明确。我们已经提过，如果鸵鸟群体中有鸵鸟一直抬头挺胸，警惕掠食者，那么其他鸵鸟就有更多时间低头进食。

　　恒温动物可以通过抱团或像**智利八齿鼠**那样群居减少温度调节的代谢需求。对人类而言，这种减负行为是多样化社交网络和技术创新的发展动力。我们可以这样想：如果直觉告诉你对方正在生气，那么你可以通过讨论需要运用智力的话题或者复杂的内容减轻对方的怒气。如果对方觉得难过，你可以给他一个拥抱。我们推测，温度的变化对人际关系中的情感具有基础性作用。但这究竟如何发挥作用？其背后的机制是什么？我们尚且无法回答。

情绪取向治疗致力于帮助夫妻优化互动过程中的共同调节模式。有时，一个人用气愤的方式回应另一半，并不能给任何一方带来安全感。情绪取向治疗有助于夫妻双方发现会使情况恶化的模式，进而提升幸福感。我们推测，夫妻双方之所以出现变化，是因为其外周体温和核心体温在发挥作用，对此进行评估可以让我们逐渐理解行为与破坏性的表达模式背后的相互影响。因此，通过关注温度调节，我们可以对人们在人际关系中的行为方式进行研究。这样，通过调整夫妻双方的环境温度，提升个体对关系的可预测性的感知与理解，我们或许可以将社会性温度调节疗法作为情绪取向治疗的补充。

电子健康领域的进步为我们带来了数字化可穿戴设备，例如有温度传感器的手环。我们可以借此评估特定关系中的共同调节。为了了解社会性温度调节疗法对夫妻是否有效，我们需要研究夫妻间的温度调节模式，无论夫妻是否认为婚姻质量较高——或许，有些夫妻认为婚姻质量不高，所以正在接受治疗。如果能够通过温度对高品质关系和低品质关系中的模式进行区

后 记

分,我们便认为温度也可以成为提升夫妻关系的工具。如果将智能算法与可以调节皮肤表面温度的数字化传感器相结合,是否可以对夫妻进行响应式温度调节,从而将其关系从低质量推向高质量?整体而言,我们希望这种方式能够有效改变夫妻行为,即使改善幅度很小也好。在理想情况下,这种控制会提升夫妻双方的安全感和关系的可预测性,如此一来,他们在处理关系时可能更像进行长期投资的沃伦·巴菲特,而非进行日内交易的华尔街之狼。

目前,利用传感器和驱动器将社会性温度调节疗法应用于情绪取向治疗的尝试虽尚处于早期研究阶段,但已经表现出极强的潜力。(请注意,温度的改变并不会将恶劣的关系提升为高功能、高质量的关系。)撰写本书时,我们已经使用了从电磁制动技术(Embr)实验室购买的电磁波手环。这种手环可以通过电子降温或加热身体某一部分调整使用者的皮肤表面温度,进而改善其整体舒适度和心情。这是将可穿戴设备集成到不断扩大的物联网的重要一步,技术将彻底改变家庭及办公环境中的温度调节方式。

按下暂停键,深呼吸,想象一下其中的意义。对于我们大多数人来说,现代数字时代已是通过设备广泛互联的时代了。然而,越来越多的人却说自己有脱节感。有些调查表明,在美国,觉得孤独的人的比例已经从11%增长到了26%。对于45岁以上的人群,这一比例更高,大约为40%。但是,如果本书中提到的内容至少有 10% 是正确的，那么社会性温度调节可穿戴设备的普及将极大促进通信技术的发展，让我们能够在发送声音和视频的同时发送一缕温暖。当然，我们需要确定何时适合使用远程温度控制技术——以及何时不适合使用。通过 Skype 和 FaceTime 送出的温暖可能会对你的终身伴侣起作用，也可能会对你的一夜伴侣起作用。此外，同陌生人进行线上面试时，其效果可能也不会很好。

诚然，我对社会性温度调节疗法-情绪取向治疗的未来表现出了相当乐观的态度，但这似乎有些不合时宜。毕竟，我已经反复表达过对心理科学现状的保留和怀疑。然而，坦白来讲，我认为，为了使心理科学的观点更具有实用性，还应该采取其他的措施。2011 年逐渐浮现的复现危机让我们认识到，很多发现还不够精确，无法推导出一般性结论。不过，我们确实认识到，有些一般性规律会反复出现。我认为，这意味着，我们并不是缺乏发现普遍现象的能力，只是在将心理科学高度准确地应用于实验室外的"真实世界"方面力有未逮。

你猜得没错，这归根结底是因为人类是非常复杂的。社会性温度调节的一般原则真实存在，但在何种情况下，面对何种对象，我们才能用传感器进行衡量，用驱动器进行操纵，是需要进一步研究的问题。我非常有信心，在接下来的 5 年至 10 年中，我们就能精于此道。如果那时我更新了本书中的内容，那么书中肯定会阐述以社会性温度调节原理为基础的疗法发挥作用的方式及其具体效用。

我的乐观不无道理。首先,心理学家已经着手创建适用于复现和数据分享的标准,从而使这一学科更为可靠。这一举措背后最大的推动力来自布莱恩·诺塞克(Brian Nosek)领导的开放科学中心。2017 年,我和他人共同创立了"心理科学加速器"(PAS)。这是由全世界 60(数字还在持续增加)多个国家的 500 多个实验室组成的网络,致力于开发用于人类研究的新标准——每日工作都以此为目标。我倾向于认为,如果能得到相关机构的适当投资,"心理科学加速器"有朝一日将成为日内瓦或英国生物银行的心理学版本。届时,我们将可以以全世界不同国家的人类为研究对象,这可是相当可观的样本量。举例来说,"心理科学加速器"的第一项研究就吸引了超过 10,000 名参与者。这给了我极大的信心——心理学研究将可达到物理学中所见的精确水平,研究人员也可以使用通用的、一般的和中立的语言进行表达。如果缺少这种能力,心理学就不具备应用性,也无法被有意义地评估。

这种前景令我激动不已,因为这不仅是解决复现危机的重要措施,而且会将前所未有的严格、准确、互相理解的标准引入心理学。这无疑是一场革命,有助于我们将最具变革性的社会技术——例如社会性温度调节疗法传感器/驱动器——应用于实际,进而促使我们更有效地运用社会性温度调节的各种观点。数字技术不仅将促进这些观点的形成,也将影响我们彼此互动的方式。希望 10 年后再与各位读者重聚时，我能将社交领域中的新观点呈现给大家。

◆ ◆ ◆

我们心理学家越来越善于运用自己的见解了。我们自己在社会性温度调节研究中的分析恰好表明了这一点。这是本领域的好消息，因为我们必须持续进步——且迅速行动才好。毕竟，情况已发展到了越发紧迫的程度。

从仍是动物时起，我们一对一的关系便开始创建起紧密的网络，进而使得社会、文化以及技术出现。最亲密的关系瞬间就会扩大，覆盖全球。作为地球上的物种，我们正处于全球气候变化之中，这是人类自己造成的问题。从充满希望的方面看，人们会通过最卓越的方式适应气候。地球就像是我们的家，我们已经证明自己可以生活在这个家中的任何一个房间里。这就是我经常听到的自信之言：技术可以解决技术带来的问题。不过，我们仍会面对其局限性，我们并不能总是做到及时应对。如果一个房间着火，那最好的解决方式就是灭火——直接且迅速地采取行动。但如果火势令我们难以容忍，不得不离开那个房间，那么我们就要做好准备，面对大火蔓延将整栋房屋烧毁的可能。

进化需要时间，但若用进化的时间尺度衡量，我们会发现气候变化非常突然。遗传进化让我们能够打造文化的进化，并

后 记

随之创造科学与技术——正是这些创造带来了会加剧气候变化的环境。本书中的研究已经证明，除了在自然世界中引起的问题外，气候变化还将影响我们彼此之间的相处方式。幸好，尽管科学和技术是导致气候危机的关键因素，但它们也可以提高我们的适应能力，不仅可以让我们通过某些措施减轻气候变化最糟糕的影响，还可以让我们迅速适应自己无法改变的事物。目前，我们必须采取有意识的、深思熟虑的行动，形成社会学方面的理性视角，并随着气候的变化而变化——扩大、改善和强化进化层面的适应能力。

至于这本书，考虑到其中提供的新思路（其一针对广阔的愿景，其二针对伴随在科学探究周围的严格限制），我希望它能提升人类的整体适应力，哪怕只是略有提高。傲慢的人无法适应。适应能力要求我们时刻谦逊。

除此之外，我竭力介绍了调节、温度调节和社会性温度调节在个体生活、亲密关系和集体生活中发挥的强大的、核心的和普遍的作用，希望自己已成功地向读者提供了这些令他们感兴趣的内容。社会性温度调节对生存来说不可或缺，对繁荣发展也至关重要。这是一种概念、一种现象，也是一种机制，它向我们揭示了自己作为有机体和人类的属性。社会性温度调节又仿佛是一个镜头，让我们能够借此观察真正的、现实的自己：彼此需要，并已将这种需要转化为邻里关系、国家、社会和文明的人类。

致　谢

任谁都不可凭一己之力学习。即使要冒着遗漏对我有影响力的人的风险（我显然会漏掉一些人），但我还是要尽力尝试回忆一些。在我社会心理学职业生涯的初始阶段，威尔克·范·戴克（Wilco van Dijk）扮演了重要角色。他于2004年在阿姆斯特丹自由大学担任我的研究型硕士课程的班主任，自始至终在多个科学职业生涯中发挥了关键作用，其中也包括我的研究领域。2006年，我与伊利诺伊大学厄巴纳-香槟分校的多夫·科恩（Dov Cohen）共事，在他的推动下，我放下了对心理学传统领域中的"心智"的探索。之后，我对身体在感知和行为中的作用越来越感兴趣。多夫是我见过最有创造力的研究人员之一。多年以来，他给了我很大的启发。

在乌得勒支大学攻读博士学位期间，托马斯·舒伯特（Thomas Schubert）经常会为我提供非常有意义的建议，他促使我成为更优秀的学者。对于一名科学家来说，成长、争论和认同一样重要。我研究的内容与《我们赖以生存的隐喻》的两位作者——乔治·莱考夫和马克·约翰逊——有本质的不同，但他们开创性的工作最先让我想到身体对思考的作用。他们还让我了解到其他很多作者。我很喜欢阅读著名身心哲学家玛克欣·希茨-约翰斯通（Maxine Sheets-Johnstone）的作品，并从琳达·卡波瑞尔（Linnda Caporael）那里学到了很多关于进化的知识，且于在线关系模型实验室（Online Relational Models Lab）的人类学家艾伦·菲斯克（Alan Fiske）处获得了启发。由此，我接触到了欧洲社会认知网络（European Social Cognition Network）。它像是一个安全的避风港，我可以呈现自己的研究，也可以从他人的成果中有所收获。

2014年，前往弗吉尼亚大学拜访吉姆·科恩的举动改变了一切。那次见面之前，我一直从认知的角度思考社会性温度调节：我们如何形成对他人的**想法**。吉姆教会我从行为生态学的角度思考社会性温度调节。从这一角度观察，社会性温度调节不再仅仅是头脑中的概念，更重要的是，它能够将代谢需求外包。结果如何？我——渐渐地——对世界有了更深了解。

在弗吉尼亚时，承蒙布莱恩·诺塞克的好意邀请，我每周会到开放科学中心工作一次。这是改变一切的第二个因素。科

致　谢

学需要革命。布莱恩及其团队正在发起革命。我永远感激他对心理学领域（以及对我）无以复加的耐心。他希望并期待科学（及研究者）可以自我完善，且多年来一直为此努力。

2015年，在荷兰瓦瑟纳尔担任研究员时，我正经历着研究生涯相对低迷的时期，与哈利·雷斯（Harry Reis）、朱莉安娜·霍尔特-伦斯塔德、吉姆·科恩以及斯派克·李（Spike Lee）的交流成了一段珍贵的回忆。除了他们，过去5年中，西吉·林登伯格（Sigi Lindenberg）也是我在社会性温度调节领域难得的导师和朋友。他对本书的完成发挥了巨大作用，且一直是温暖的源泉。

在瓦瑟纳尔的之后几年中，我从与他人的交流及合作中受益匪浅。我在科学领域的（诸多）同道中人包括马蒂·拓普斯（Mattie Tops）和伊万·罗波维克（Ivan Ropovik）。他们从不同角度与我分享了各自的看法。

我非常、非常高兴，格勒诺布尔阿尔卑斯大学为我提供了安全的科学家园，我期待能在那里践行扎实的科学研究，并持续研究社会性温度调节。这座科学家园由实验室主席多米尼克·穆勒（Dominique Muller）创建，一直同我有合作且之后仍将与我合作的人包括利松·内鲁德、奥利维尔·杜霍斯（Olivier Dujols）、艾丽莎·萨达（Elisa Sarda）、帕特里克·福舍尔（Patrick Forscher）、亚历山德罗·斯帕拉西奥（Alessandro Sparacio）、里克·克莱因（Rick Klein）以及阿德耶米·阿德图拉（Adeyemi Adetula），此处排名不分先后。我感激所有人的努力、见解、耐心和投入。尽管格勒诺布尔的夏天非常炎热（尤其是对我这种来自荷兰的大型动物而言），但能以这座大学为家，我很高兴。话说回来，社会性温度调节的恒久主题之一就是人类可以适应地球上的（几乎）所有气候。我可以耐得住。

我还要感谢艾伦·阿克塞尔罗德（Alan Axelrod）对整本书的全程指导。他让我了解到社会性温度调节的新观点。我要感谢他，还因为他让我学到了很多新知识，让我更透彻地理解了此前认为自己已经理解的概念。此外，感谢诺顿出版社的编辑屈恩·朵（Quynh Do）在呈现本书的概念方面提出的诸多明智且有价值的建议，以免我不断赘述。

感谢朋友们多年以来的支持。我在此不再一一列举，但谢谢大家。感谢我的父母和兄弟，感谢他们陪我经历巅峰和低谷。然而，如果没有我最大的温暖与安全来源，本书根本不可能完成——我将此书献给她，感谢我的妻子丹妮拉。

进化让我知道，社会性温度调节是人们不得不结成人际网络的主要原因之一。生活中难道还有比人际关系更重要的吗？

注　释

第 1 章　热饮、电热毯与孤独感

1. 实际上，人体的热感受器在保暖和散热方面存在根本差异。热感受器可以分为低阈值感受器和高阈值感受器。低阈值受体在相对舒适的温度 [59 °F至 113 °F（15℃至 45℃）] 被激活，而高阈值受体通常在该范围之外被激活。虽然温暖通常会带来舒适感，但热也可能成为有害刺激。只要不会被烫伤，热饮通常会带给我们温暖这一理想感觉（一种舒适的感觉），而非让人备感压力的烫手感。
2. Solomon E. Asch, "Forming Impressions of Personality," *Journal of Abnormal and Social Psychology* 41, no. 3 (1946): 258.
3. Lawrence E. Williams and John A. Bargh, "Experiencing Physical Warmth Promotes Interpersonal Warmth," *Science* 322, no. 5901 (2008): 606–607.
4. Arthur Aron, Elaine N. Aron, and Danny Smollan, "Inclusion of Other in the Self Scale and the Structure of Interpersonal Closeness," *Journal of Personality and Social Psychology* 63, no. 4 (1992): 596.

5. Hans IJzerman and Gun R. Semin, "The Thermometer of Social Relations: Mapping Social Proximity on Temperature," *Psychological Science* 20, no. 10 (2009): 1214–1220.
6. The quote was attributed to Einstein by Lincoln Barnett in a series of essays entitled *The Universe and Dr. Einstein*.
7. Kipling D. Williams and Blair Jarvis, "Cyberball: A Program for Use in Research on Interpersonal Ostracism and Acceptance," *Behavior Research Methods* 38, no. 1 (2006): 174–180.
8. Chen-Bo Zhong and Geoffrey J. Leonardelli, "Cold and Lonely: Does Social Exclusion Literally Feel Cold?," *Psychological Science* 19, no. 9 (2008): 838–842.
9. 资料来源：A. Szymkow et al., "Warmer Hearts, Warmer Rooms: How Positive Communal Traits Increase Estimates of Ambient Temperature," *Social Psychology* 44, no. 2 (2013): 167–176。完成这项研究后不久，心理学家们都积极厘清自己的工作，且该项研究被收录在弗吉尼亚大学查理·埃伯索尔（Charlie Ebersole）领导的大规模"复现"研究，即"众多实验室 3"中。我认为，研究效果是否可靠尚待定论。查理所带领的团队似乎无法复现出这种影响。检查他们的数据时，我们发现，尝试复现我们这一实验的人，得到的结果都比最初的要高很多。无论如何，由本书的内容可知，在炎热的环境中启动效应很难被激发。再次检验效果时，我们发现只有在温度较低的条件下，才能复现实验结果。关于我们所做的再分析，不足之处仍有两点：第一，我们并没有提前向展开复现实验的人做出说明（这是科学推测所必须的）；第二，用于检测这种相互作用的样本量过小（正式来讲，我们在再分析中使用的方法并不完全适用）。
10. George Lakoff and Mark Johnson, *Philosophy in the Flesh* (New York: Basic Books, 1999), vol. 4.
11. Hans IJzerman et al., "Cold-Blooded Loneliness: Social Exclusion Leads to Lower Skin Temperatures," *Acta Psychologica* 140, no. 3 (2012): 283–288.
12. K. Uvnas-Moberg et al., "The Antinociceptive Effect of Non-noxious Sensory Stimulation Is Mediated Partly through Oxytocinergic Mechanisms," *Acta Physiologica Scandinavica* 149, no. 2 (1993): 199–204.
13. Yoshiyuki Kasahara et al., "Impaired Thermoregulatory Ability of Oxytocin-Deficient Mice during Cold-Exposure," *Bioscience, Biotechnology, and Biochemistry* 71, no. 12 (2007): 3122–3126.

14. Molly J. Crockett, "The Neurochemistry of Fairness: Clarifying the Link between Serotonin and Prosocial Behavior," *Annals of the New York Academy of Sciences* 1167, no. 1 (2009): 76–86.
15. M. W. Hale et al., "Evidence for In Vivo Thermosensitivity of Serotonergic Neurons in the Rat Dorsal Raphe Nucleus and Raphe Pallidus Nucleus Implicated in Thermoregulatory Cooling," *Experimental Neurology* 227, no. 2 (2011): 264–278.
16. E. Satinoff, "Neural Organization and Evolution of Thermal Regulation in Mammals," *Science* 201, no. 4350 (1978): 16–22.
17. Helen Shen, "The Hard Science of Oxytocin," *Nature* 522, no. 7557 (2015): 410.
18. William Glaberson, "After the Arguments: Jogger Jury Weighs a Jumble of Details," Reporter's Notebook, *New York Times*, August 10, 1990.
19. Christine Gockel, Peter M. Kolb, and Lioba Werth, "Murder or Not? Cold Temperature Makes Criminals Appear to Be Cold-Blooded and Warm Temperature to Be Hot-Headed," *PloS One* 9, no. 4 (2014): e96231.
20. J. Steinmetz and T. Mussweiler, "Breaking the Ice: How Physical Warmth Shapes Social Comparison Consequences," *Journal of Experimental Social Psychology* 47, no. 5 (2011): 1025–1028.
21. John Bowlby, *Attachment and Loss* (London: Hogarth Press and the Institute of Psycho-Analysis, 1969); Mary D. Ainsworth, "Patterns of Attachment Behavior Shown by the Infant in Interaction with His Mother," *Merrill-Palmer Quarterly of Behavior and Development* 10, no. 1 (1964): 51–58.
22. Hans IJzerman et al., "Caring for Sharing: How Attachment Styles Modulate Communal Cues of Physical Warmth," *Social Psychology* 44, no. 2: 160–166.
23. Mary D. Ainsworth, "Infant–Mother Attachment," *American Psychologist* 34, no. 10 (1979): 932.
24. K. Bystrova et al., "Skin-to-Skin Contact May Reduce Negative Consequences of 'the Stress of Being Born': A Study on Temperature in Newborn Infants, Subjected to Different Ward Routines in St. Petersburg," *Acta Paediatrica* 92, no. 3 (2003): 320–326.
25. Jean M. Mandler, "How to Build a Baby: II. Conceptual Primitives," *Psychological Review* 99, no. 4 (1992): 587.

26. Daniel Roche, *Le peuple de Paris: Essai sur la culture populaire au XVIIIe siecle* (Paris: Fayard, 2014).
27. Great Britain Parliament, House of Commons, *Reports from Committees: 1857–1858*, vol. 9: "Irremovable Poor; County Rates (Ireland); Destitution (Gweedore and Cloughaneely)."

第 2 章　人体机器

1. Rene Descartes, *Les passions de l'ame* (Paris: Flammarion, 2017).
2. 这一比喻出现在笛卡儿所作《第一哲学沉思录》(*Meditations on First Philosophy*)的《第六个沉思：论物质性东西的存在；论人的灵魂和肉体之间的实在区别》("Meditation VI: Concerning the Existence of Material Things, and the Real Distinction between Mind and Body")，第 13 段。现代读者可能会对此处的"pilot"（"水手"）一词略感迷惑，但在 1647 年，笛卡儿亲自监督吕因斯公爵（Duke of Luynes）完成的《第一哲学沉思录》第一版法语译本中，则使用了"pilote"（"领航员"）一词："un pilote en son navire."（"领航员在船上。"）大多数英语译本都使用了"pilot"一词，包括 1901 年约翰·维奇（John Veitch）的权威版本，他的英语译文是"a pilot in a vessel"（"船上的领航员"）。17 世纪时，法语单词"pilote"和英语单词"pilot"所表示的都是"领航员"（steersman）或"舵手"（helmsman），也就是指挥航行路线的人。这是拉丁语单词"nauta"的具体化，但人们首先引入的是法语翻译，也就是笛卡儿监督的版本。显然，出于对这种监督的尊重，后续英语版本也沿用了这一翻译。对三个版本的比较，请参见大卫·B. 曼利（David B. Manley）和查尔斯·S. 泰勒（Charles S. Taylor）的《笛卡儿的沉思——三种译本》[*Descartes' Meditations—Trilingual Edition*，俄亥俄州，代顿市：莱特州立大学（Dayton, Ohio: Wright State University）]，1996 年，https://corescholar.libraries.wright.edu/cgi/viewcontent.cgi?article=1008&context=philosophy。
3. A. M. Turing, "On Computable Numbers, with an Application to the *Entscheidungsproblem*," *Proceedings of the London Mathematical Society* s2-42, no. 1 (1937): 230–265. It is available online at https://academic.oup.com/plms/article-abstract/s2-42/1/230/1491926 and at https://www.

cs.virginia.edu/~robins/Turing_Paper_1936.pdf.
4. A. M. Turing, "Computing Machinery and Intelligence," *Mind* 50, no. 236 (1950).
5. Mukul Bhalla and Dennis R. Proffitt, "Visual–Motor Recalibration in Geographical Slant Perception," *Journal of Experimental Psychology: Human Perception and Performance* 25, no. 4 (1999): 1076.
6. Jeanine K. Stefanucci and Dennis R. Proffitt, "The Roles of Altitude and Fear in the Perception of Height," *Journal of Experimental Psychology: Human Perception and Performance* 35, no. 2 (2009): 424.
7. Lera Boroditsky and Michael Ramscar, "The Roles of Body and Mind in Abstract Thought," *Psychological Science* 13, no. 2 (2002): 185–189.
8. Matthew 27:24.
9. *Macbeth* V, i.
10. Chen-Bo Zhong and Katie Liljenquist, "Washing Away Your Sins: Threatened Morality and Physical Cleansing," *Science* 313, no. 5792 (2006): 1451–1452.
11. Jennifer V. Fayard et al., "Is Cleanliness Next to Godliness? Dispelling Old Wives' Tales: Failure to Replicate Zhong and Liljenquist (2006)," *Journal of Articles in Support of the Null Hypothesis* 6, no. 2 (2009); B. D. Earp et al., "Out, Damned Spot: Can the 'Macbeth Effect' Be Replicated?," *Basic and Applied Social Psychology*, 36, no. 1 (2014): 91–98.
12. Peter Brian Medawar, *The Limits of Science* (Oxford: Oxford University Press, 1984), 51.
13. Edward L. Thorndike, *Educational Psychology*, vol. 2, *The Psychology of Learning* (1913).
14. John B. Watson, "Psychology as the Behaviorist Views It," *Psychological Review* 20, no. 2 (1913): 158.
15. B. F. Skinner, *Verbal Behavior* (New Jersey: Prentice-Hall, 1957).
16. Kenneth J. W. Craik, *The Nature of Explanation* (Cambridge: Cambridge University Press, 1943).
17. Jay W. Forrester, "Counterintuitive Behavior of Social Systems," *Technological Forecasting and Social Change* 3 (1971): 1–22.
18. 功能性磁共振成像甚至也无法为我们提供明确的答案。功能性磁共振成像研究的参与者往往很少。因此，迄今为止，很多功能性磁共振成像的研究都不够详尽，无法提供太多结论。使用较大样本进行的研究应该可以提供更多有用的信息。

19. John R. Searle, "Minds, Brains, and Programs," *Behavioral and Brain Sciences* 3, no. 3 (1980): 417–424.
20. Stevan Harnad, "The Symbol Grounding Problem," *Physica D: Nonlinear Phenomena* 42, no. 1–3 (1990): 335–346.
21. William James, "What Is an Emotion?" *Mind* 16 (1884): 188–205.
22. Robert B. Zajonc and Hazel Markus, "Affect and Cognition: The Hard Interface," in *Emotions, Cognition, and Behavior*, ed. Carroll E. Izard, Jerome Kagan, and Robert B. Zajonc (1984), 73–102.
23. 人们认为某种特定的范式是对"微笑可以带来更多幸福或快乐"这一观点的重要支持。这项由德国心理学家弗里茨·斯特拉克（Fritz Strack）主导的"叼笔"研究，是让参与者咬住笔，在与微笑无关的情况下激活"微笑肌"（颧大肌）。完成这种动作后（与同一块肌肉受到抑制的情况相反），参与者会觉得加里·拉森（Gary Larson）的《远方》(*The Far Side*) 中的卡通形象更有趣。最近由荷兰心理学家埃里克一简·维奇梅克（Eric-Jan Wagenmakers）主导的大规模复现并没得出相同的结论。（如果对心理学家相互讨论这些问题的方式感兴趣，可以在脸书上关注这些讨论。一些交流相当有趣。）

    尽管如此，美国研究员尼古拉斯·科尔（Nicholas Coles）及其同事针对同一想法（称为"面部反馈"）进行的另一项元分析确实证实了面部反馈的一般概念确实有作用。
24. George Lakoff and Mark Johnson, *Metaphors We Live By* (Chicago: University of Chicago Press, 2008).
25. 罗伯特·伯恩斯（Robert Burns），《一朵红红的玫瑰》("A Red, Red Rose"):

    > O my Luve is like a red, red rose
    > That's newly sprung in June;
    > O my Luve is like the melody
    > That's sweetly played in tune.
    > So fair art thou, my bonnie lass,
    > So deep in luve am I;
    > And I will luve thee still, my dear,

注 释

Till a' the seas gang dry.
Till a' the seas gang dry, my dear,
And the rocks melt wi' the sun;
I will love thee still, my dear,
While the sands o' life shall run.
And fare thee weel, my only luve!
And fare thee weel awhile!
And I will come again, my luve,
Though it were ten thousand mile.

呵,我的爱人像朵红红的玫瑰
六月里迎风初开;
呵,我的爱人像支甜甜的曲子,
奏得合拍又和谐。
我的好姑娘,多么美丽的人儿!
请看我,多么深挚的爱情!
亲爱的,我永远爱你,
纵使大海干涸水流尽。
纵使大海干涸水流尽,
太阳将岩石烧作灰尘,
亲爱的,我永远爱你,
只要我一息犹存。
珍重吧,我唯一的爱人,
珍重吧,让我们暂时别离,
但我定要回来,
哪怕千里万里!(参考王佐良的译本)

第3章 企鹅哈里

1. Aaron Waters, Francois Blanchette, and Arnold D. Kim, "Modeling Huddling Penguins," *PLoS One* 7, no. 11 (2012): e50277.
2. Caroline Gilbert et al., "Huddling Behavior in Emperor Penguins: Dynamics of Huddling," *Physiology and Behavior* 88, no. 4–5 (2006): 479–488.
3. Yvon Le Maho, Philippe Delclitte, and Joseph Chatonnet, "Thermoregulation

in Fasting Emperor Penguins under Natural Conditions," *American Journal of Physiology—Legacy Content* 231, no. 3 (1976): 913–922.
4. S. D. McCole et al., "Energy Expenditure during Bicycling," *Journal of Applied Physiology* 68, no. 2 (1990): 748–753.
5. Bernd Heinrich, *The Hot-Blooded Insects: Strategies and Mechanisms of Thermoregulation* (Springer Science and Business Media, 2013).
6. Wouter D. van Marken Lichtenbelt, Jacob T. Vogel, and Renate A. Wesselingh, "Energetic Consequences of Field Body Temperatures in the Green Iguana," *Ecology* 78, no. 1 (1997): 297–307.
7. Natalie J. Briscoe et al., "Tree-Hugging Koalas Demonstrate a Novel Thermoregulatory Mechanism for Arboreal Mammals," *Biology Letters* 10, no. 6 (2014): 20140235.
8. P. J. Young, "Hibernating Patterns of Free-Ranging Columbian Ground Squirrels," *Oecologia* 83, no. 4 (1990): 504–511.
9. A. Fedyk, "Social Thermoregulation in Apodemus Flavicollis (Melchior, 1834)," *Acta Theriologica* 16, no. 16 (1971): 221–229.
10. Adapted and simplified from "Table 3. Metabolic Savints (%) Due to Huddling in Mammals and Birds," in Caroline Gilbert et al., "One for All and All for One: The Energetic Benefits of Huddling in Endotherms," *Biological Reviews* 85 (2010): 560–561.
11. Luis A. Ebensperger, "A Review of the Evolutionary Causes of Rodent Group-Living," *Acta Theriologica* 46, no. 2 (2001): 115–144.
12. Julia Lehmann, Bonaventura Majolo, and Richard McFarland, "The Effects of Social Network Position on the Survival of Wild Barbary Macaques, Macaca sylvanus," *Behavioral Ecology* 27, no. 1 (2015): 20–28.
13. Richard McFarland et al., "Thermal Consequences of Increased Pelt Loft Infer an Additional Utilitarian Function for Grooming," *American Journal of Primatology* 78, no. 4 (2016): 456–461.
14. Robin I. M. Dunbar, "Functional Significance of Social Grooming in Primates," *Folia Primatologica* 57, no. 3 (1991): 121–131.
15. Shlomo Yahav and Rochelle Buffenstein, "Huddling Behavior Facilitates Homeothermy in the Naked Mole Rat (Heterocephalus glaber)," *Physiological Zoology* 64, no. 3 (1991): 871–884.
16. Daniel T. Blumstein and Kenneth B. Armitage, "Cooperative Breeding in

Marmots," *Oikos* (1999): 369–382.
17. Jeffrey R. Alberts, "Huddling by Rat Pups: Group Behavioral Mechanisms of Temperature Regulation and Energy Conservation," *Journal of Comparative and Physiological Psychology* 92, no. 2 (1978): 231.

第 4 章 人类似企鹅

1. Douglas G. D. Russell, William J. L. Sladen, and David G. Ainley, "Dr. George Murray Levick (1876–1956): Unpublished Notes on the Sexual Habits of the Adelie Penguin," *Polar Record* 48, no. 4 (2012): 38 7–393.
2. Internet Movie Database, "Encounters at the End of the World (2007)," IMDb, https://www.imdb.com/title/tt1093824/.
3. Jonathan Miller, "March of the Conservatives: Penguin Film as Political Fodder," *New York Times* (September 13, 2005), https://www.nytimes.com/2005/09/13/science/march-of-the-conservatives-penguin-film-as-political-fodder.html.
4. Esa Hohtola, "Shivering Thermogenesis in Birds and Mammals," paper presented at the 12th International Hibernation Symposium, "Life in the Cold: Evolution, Mechanisms, Adaptation, and Application," Institute of Arctic Biology, 2004.
5. John Ruben, "The Evolution of Endothermy in Mammals and Birds: From Physiology to Fossils," *Annual Review of Physiology* 57, no. 1 (1995): 69–95.
6. James D. Hardy and Eugene F. DuBois, "Regulation of Heat Loss from the Human Body," *Proceedings of the National Academy of Sciences of the United States of America* 23, no. 12 (1937): 624.
7. 2015年8月3日,《纽约时报》发表了荷兰科学家鲍里斯·金马（Boris Kingma）和沃特·范·马尔肯·李赫腾贝尔特（Wouter van Marken Lichtenbelt）的成果，其中指出，大多数建筑物在设计层面都以（特定体形的）男性的代谢率为基准。金马和马尔肯·李赫腾贝尔特指出了该公式的关键变量，即一个40岁，体重约154磅（约70千克）的男性的静息代谢率。在1937年哈代和杜波依斯发表研究报告时，以及1982年福格（Fanger）为"舒适性分析"（根据1971年的数据）确定公式时，典型的上班族大概都是体重为 154 磅的 40 岁男子。然而，情况有所变化。女性现在至少占劳动力的一半，她们的体形比男性小，且代谢率通常比男性低。金马和同事们认为，过时的"舒适"模式"可能会将女性的静息产热量高估 35%"。

8. Christian Cohade, Karen A. Mourtzikos, and Richard L.Wahl, "'USA-Fat': Prevalence Is Related to Ambient Outdoor Temperature— Evaluation with 18F-FDG PET/CT," *Journal of Nuclear Medicine* 44, no. 8 (2003): 1267–1270.

9. Thomas F. Hany et al., "Brown Adipose Tissue: A Factor to Consider in Symmetrical Tracer Uptake in the Neck and Upper Chest Region," *European Journal of Nuclear Medicine and Molecular Imaging* 29, no. 10 (2002): 1393–1398.

10. 可惜的是，多年以来，对 BAT 的测量主要通过电子计算机断层扫描（CT）进行，而 CT 则依赖于放射性示踪剂。该技术昂贵且具有侵入性，因此从逻辑上看，无法用于基础研究。澳大利亚的研究人员一直在开发侵入性更小、价格更便宜的测量方法，这意味着在未来几年中，我们或许可以发现更多关于棕色脂肪组织与人类社会行为之间的关系的信息。

11. Lane Beckes and James A. Coan, "Social Baseline Theory: The Role of Social Proximity in Emotion and Economy of Action," *Social and Personality Psychology Compass* 5, no. 12 (2011): 976–988.

12. Nicholas A. Christakis and James H. Fowler, *Connected: How Your Friends' Friends' Friends Affect Everything You Feel, Think, and Do* (New York: Little, Brown, 2009), xvi.

13. 体温调节比"下丘脑即恒温器"模型要复杂得多，同样，社会性温度调节也更为复杂——与最近人们将局部恒温器在大脑皮层中进行定位的尝试相比。例如，加利福尼亚大学洛杉矶分校研究人员特里斯滕·K. 稻垣（Tristen K. Inagaki）和娜奥米·I. 艾森伯格（Naomi I. Eisenberger）2013 年时发表的一篇论文表明，fMRI 研究表明，"常见的神经机制"位于岛叶皮层（大脑皮层外层的一部分，位于外侧沟，是将颞叶与顶叶和额叶分开的裂隙，"是生理和社会温暖的基础"。我们将在第 5 章中看到，这是逆向推理谬误的实例。罗素·波德拉克（Russell Poldrack）在 2006 年的一篇文章中已经表明，这类逆向推理（具体到此案例中，便是通过这种推理，我们认为大脑区域与特定的认知过程相联系）属于无效演绎。作为研究人员，我们必须提防通过逆向推理得出结论的做法，以免过分简化参与社会性温度调节的神经机制的位置。例如，社交温暖及身体温暖背后的机制明显更为复杂，但研究人员只是单纯地通过 fMRI 技术，将二者在岛叶皮层激活区域中重叠的部分定位出来。

14. Claude Bernard, *Lecons sur les phenomenes de la vie commune aux animaux et aux vegetaux* (Paris: Bailliere, 1879).
15. See W. B. Cannon, *The Wisdom of the Body* (New York: W. W. Norton, 1932), 177–201.
16. Stephen W. Ranson, "Regulation of Body Temperature," *Association for Research in Nervous and Mental Disease* 20 (1939): 342–399.
17. Evelyn Satinoff, "Behavioral Thermoregulation in Response to Local Cooling of the Rat Brain," *American Journal of Physiology—Legacy Content* 206, no. 6 (1964): 1389–1394.
18. H. J. Carlisle, "Heat Intake and Hypothalamic Temperature during Behavioral Temperature Regulation," *Journal of Comparative and Physiological Psychology* 61, no. 3 (1966): 388.
19. Evelyn Satinoff and Joel Rutstein, "Behavioral Thermoregulation in Rats with Anterior Hypothalamic Lesions," *Journal of Comparative and Physiological Psychology* 71, no. 1 (1970): 77.
20. Michel Cabanac, "Temperature Regulation," *Annual Review of Physiology* 37, no. 1 (1975): 415–439.
21. J. Hughlings Jackson, "On Some Implications of Dissolution of the Nervous System," *Medical Press and Circular* 2 (1882): 411–433.
22. E. Satinoff, "Neural Organization and Evolution of Thermal Regulation in Mammals," *Science* 201, no. 4350 (1978): 16–22.

第 5 章 鼠妈妈给予的温暖

1. Paul Ekman, Robert W. Levenson, and Wallace V. Friesen, "Autonomic Nervous System Activity Distinguishes among Emotions," *Science* 221, no. 4616 (1983): 1208–1210.
2. Stephanos Ioannou et al., "The Autonomic Signature of Guilt in Children: A Thermal Infrared Imaging Study," *PloS One* 8, no. 11 (2013): e79440.
3. Michael Leon, Patrick G. Croskerry, and Grant K. Smith, "Thermal Control

of Mother-Young Contact in Rats," *Physiology and Behavior* 21, no. 5 (1978): 793–811.
4. Leigh F. Bacher, William P. Smotherman, and Steven S. Robertson, "Effects of Warmth on Newborn Rats' Motor Activity and Oral Responsiveness to an Artificial Nipple," *Behavioral Neuroscience* 115, no. 3 (2001): 675.
5. Monica Nuñez-Villegas, Francisco Bozinovic, and Pablo Sabat, "Interplay between Group Size, Huddling Behavior and Basal Metabolism: An Experimental Approach in the Social Degu," *Journal of Experimental Biology* 217, no. 6 (2014): 997–1002.
6. Harry F. Harlow, "The Nature of Love," *American Psychologist* 13, no. 12 (1958): 673.
7. Carl Bergmann, *Über die Verhältnisse der Wärmeökonomie der Thiere zu ihrer Grösse* (1848).
8. Richard McFarland et al., "Social Integration Confers Thermal Benefits in a Gregarious Primate," *Journal of Animal Ecology* 84, no. 3 (2015): 871–878.
9. Tristen K. Inagaki et al., "A Pilot Study Examining Physical and Social Warmth: Higher (Non-febrile) Oral Temperature Is Associated with Greater Feelings of Social Connection," *PloS One* 11, no. 6 (2016): e0156873.
10. Pronobesh Banerjee, Promothesh Chatterjee, and Jayati Sinha, "Is It Light or Dark? Recalling Moral Behavior Changes Perception of Brightness," *Psychological Science* 23, no. 4 (2012): 407–409.
11. Dermot Lynott et al., "Replication of 'Experiencing Physical Warmth Promotes Interpersonal Warmth' by Williams and Bargh (2008)," *Social Psychology* (2014).
12. Colin F. Camerer et al., "Evaluating the Replicability of Social Science Experiments in *Nature* and *Science* between 2010 and 2015," *Nature Human Behaviour* 2, no. 9 (2018): 637.
13. Hans IJzerman et al., "The Human Penguin Project: Climate, Social Integration, and Core Body Temperature," *Collabra: Psychology* 4, no. 1 (2018).
14. Tal Yarkoni and Jacob Westfall, "Choosing Prediction over Explanation in Psychology: Lessons from Machine Learning," *Perspectives on Psychological Science* 12, no. 6 (2017): 1100–1122; Hans IJzerman et al., "What Predicts Stroop Performance? A Conditional Random Forest

Approach," *SSRN Electronic Journal* (2016); Richard A. Klein et al., "Many Labs 2: Investigating Variation in Replicability across Samples and Settings," *Advances in Methods and Practices in Psychological Science* 1, no. 4 (2018): 443–490.

15. Everett Waters, David Corcoran, and Meltem Anafarta, "Attachment, Other Relationships, and the Theory That All Good Things Go Together," *Human Development* 48, no. 1–2 (2005): 80.
16. Hans IJzerman et al., "Socially Thermoregulated Thinking: How Past Experiences Matter in Thinking about Our Loved Ones," *Journal of Experimental Social Psychology* 79 (2018): 349–355.
17. Brian C. R. Bertram, "Vigilance and Group Size in Ostriches," *Animal Behaviour* 28, no. 1 (1980): 278–286.
18. Tsachi Ein-Dor, Mario Mikulincer, and Phillip R. Shaver, "Effective Reaction to Danger: Attachment Insecurities Predict Behavioral Reactions to an Experimentally Induced Threat above and beyond General Personality Traits," *Social Psychological and Personality Science* 2, no. 5 (2011): 467–473.
19. James A. Coan, Hillary S. Schaefer, and Richard J. Davidson, "Lending a Hand: Social Regulation of the Neural Response to Threat," *Psychological Science* 17, no. 12 (2006): 1032–1039.
20. Tsachi Ein-Dor et al., "Sugarcoated Isolation: Evidence That Social Avoidance Is Linked to Higher Basal Glucose Levels and Higher Consumption of Glucose," *Frontiers in Psychology* 6 (2015): 492.
21. Rodrigo Clemente Vergara et al., "Development and Validation of the Social Thermoregulation and Risk Avoidance Questionnaire (STRAQ-1)," *International Review of Social Psychology* (in press).
22. V. Vuorenkoski et al., "The Effect of Cry Stimulus on the Temperature of the Lactating Breast of Primipara: A Thermographic Study," *Experientia* 25, no. 12 (1969): 1286–1287.
23. Hans IJzerman et al., "A Theory of Social Thermoregulation in Human Primates," *Frontiers in Psychology* 6 (2015): 464.
24. Emily A. Butler and Ashley K. Randall, "Emotional Coregulation in Close Relationships," *Emotion Review* 5, no. 2 (2013): 202–210.

第6章 下丘脑之外

1. Joel A. Allen, "The Influence of Physical Conditions in the Genesis of Species," *Radical Review* 1 (1877): 108–140.
2. Brett W. Carter and William G. Schucany, "Brown Adipose Tissue in a Newborn," *Baylor University Medical Center Proceedings* 21, no. 3 (2008).
3. Bogusław Pawłwski, "Why Are Human Newborns So Big and Fat?," *Human Evolution* 13, no. 1 (1998): 65–72.
4. Frank E. Marino, "The Evolutionary Basis of Thermoregulation and Exercise Performance," in *Thermoregulation and Human Performance*, ed. Frank E. Marino (Basel, Switzerland: Karger Publishers, 2008), 53: 1–13.
5. Albert F. Bennett and John A. Ruben, "Endothermy and Activity in Vertebrates," *Science* 206, no. 4419 (1979): 649–654.
6. Dean Falk, "Brain Evolution in *Homo*: The 'Radiator' Theory," *Behavioral and Brain Sciences* 13, no. 2 (1990): 333–344.
7. Laura Tobias Gruss and Daniel Schmitt, "The Evolution of the Human Pelvis: Changing Adaptations to Bipedalism, Obstetrics and Thermoregulation," *Philosophical Transactions of the Royal Society B: Biological Sciences* 370, no. 1663 (2015): 20140063.
8. Peter E. Wheeler, "The Thermoregulatory Advantages of Hominid Bipedalism in Open Equatorial Environments: The Contribution of Increased Convective Heat Loss and Cutaneous Evaporative Cooling," *Journal of Human Evolution* 21, no. 2 (1991): 107–115.
9. Steven E. Churchill, "Bioenergetic Perspectives on Neanderthal Thermoregulatory and Activity Budgets," in *Neanderthals Revisited: New Approaches and Perspectives*, ed. Katerina Harvati and Terry Harrison (Dordrecht, Netherlands: Springer, 2006), 113–133.
10. Evelyn Satinoff, "Neural Organization and Evolution of Thermal Regulation in Mammals," *Science* 201, no. 4350 (1978): 16–22.
11. Michael L. Anderson, "Neural Reuse: A Fundamental Organizational Principle of the Brain," *Behavioral and Brain Sciences* 33, no. 4 (2010): 245–266.
12. K. A. Soudijn, G. J. M. Hutschemaekers, and F. J. R. van de Vijver, "Culture Conceptualisations," in *The Investigation of Culture: Current Issues in*

Cultural Psychology, ed. F. J. R. van de Vijver and G. J. M. Hutschemaekers (Tilburg, Netherlands: Tilburg University Press, 1990), 19–39.
13. Harry C. Triandis, "Culture and Psychology: A History of the Study of Their Relationships," in *Handbook of Cultural Psychology*, ed. S. Kitayama and D. Cohen (New York: Guilford Press, 2007), 59–76.
14. Caroline Gilbert et al., "Huddling Behavior in Emperor Penguins: Dynamics of Huddling," *Physiology and Behavior* 88, no. 4–5 (2006): 479–488.
15. K. Bystrova et al., "Skin-to-Skin Contact May Reduce Negative Consequences of 'the Stress of Being Born': A Study on Temperature in Newborn Infants, Subjected to Different Ward Routines in St. Petersburg," *Acta Paediatrica* 92, no. 3 (2003): 320–326.
16. Ruth Feldman et al., "Skin-to-Skin Contact (Kangaroo Care) Promotes Self-Regulation in Premature Infants: Sleep-Wake Cyclicity, Arousal Modulation, and Sustained Exploration," *Developmental Psychology* 38, no. 2 (2002): 194.
17. A convenient compendium of recent research on animal tool use is Crickette M. Sanz, Josep Call, and Christophe Boesch, eds., *Tool Use in Animals: Cognition and Ecology* (Cambridge: Cambridge University Press, 2013).
18. Hans IJzerman and Francesco Foroni, "Not by Thoughts Alone: How Language Supersizes the Cognitive Toolkit," *Behavioral and Brain Sciences* 35, no. 4 (2012): 226.
19. Hans IJzerman and Gun R. Semin, "The Thermometer of Social Relations: Mapping Social Proximity on Temperature," *Psychological Science* 20, no. 10 (2009): 1214–1220.
20. Andy Clark, *Supersizing the Mind: Embodiment, Action, and Cognitive Extension* (New York: Oxford University Press, 2008).
21. George Lakoff and Mark Johnson, *Metaphors We Live By* (Chicago: University of Chicago Press, 2008).
22. Zoltan Kovecses, *Metaphor in Culture: Universality and Variation* (Cambridge: Cambridge University Press, 2005).
23. Henrik Liljegren and Naseem Haider, "Facts, Feelings and Temperature Expressions in the Hindukush," in *The Linguistics of Temperature*, ed. Maria Koptjevskaja-Tamm (Amsterdam, Netherlands: John Benjamins, 2015), 440–470.

24. Poppy Siahaan, "Why Is It Not Cool? Temperature Terms in Indonesian," in *The Linguistics of Temperature*, ed. Maria Koptjevskaja-Tamm (Amsterdam, Netherlands: John Benjamins, 2015), 666–699.
25. Maria Koptjevskaja-Tamm, ed., *The Linguistics of Temperature* (Amsterdam, Netherlands: John Benjamins, 2015).
26. Peter J. Richerson and Robert Boyd, *Not by Genes Alone: How Culture Transformed Human Evolution* (Chicago: University of Chicago Press, 2008).
27. Oliver G. Brooke, M. Harris, and Carmencita B. Salvosa, "The Response of Malnourished Babies to Cold," *Journal of Physiology* 233, no. 1 (1973): 75.
28. Cara M. Wall-Scheffler, "Energetics, Locomotion, and Female Reproduction: Implications for Human Evolution," *Annual Review of Anthropology* 41 (2012): 71–85.

第 7 章　寒冷时节卖房背后的逻辑

1. Sue Williams, "Selling a House in Winter: How to Help Buyers Warm Up to Your Home," *Domain*, June 15, 2017, https://www.domain.com.au/news/homes-styled-and-built-for-warmth-shoot-ahead-in-sydneys-winter-property-market-20170608-gwndx7/.
2. Larissa Dubecki, "Why There's a Hidden Advantage for Selling Your Home in Winter," *Domain*, June 9, 2017, https://www.domain.com.au/news/why-theres-a-hidden-advantage-for-selling-your-home-in-winter-20170609-gwdrkw/.
3. "The Sweet Smell of Success: How Aroma Can Help You Sell Your Home," *Mountain Democrat*, July 19, 2011, https://www.mtdemocrat.com/business-real-estate/the-sweet-smell-of-success-how-aroma-can-help-you-sell-your-home/.
4. Jiewen Hong and Yacheng Sun, "Warm It Up with Love: The Effect of Physical Coldness on Liking of Romance Movies," *Journal of Consumer Research* 39, no. 2 (2011): 293–306.
5. Xinyue Zhou et al., "Heartwarming Memories: Nostalgia Maintains Physiological Comfort," *Emotion* 12, no. 4 (2012): 678.

注　释

6. Lora E. Park and Jon K. Maner, "Does Self-Threat Promote Social Connection? The Role of Self-Esteem and Contingencies of Self-Worth," *Journal of Personality and Social Psychology* 96, no. 1 (2009): 203.
7. Bram B. Van Acker et al., "Homelike Thermoregulation: How Physical Coldness Makes an Advertised House a Home," *Journal of Experimental Social Psychology* 67 (2016): 20–27.
8. Hans IJzerman, Janneke A. Janssen, and James A. Coan, "Maintaining Warm, Trusting Relationships with Brands: Increased Temperature Perceptions after Thinking of Communal Brands," *PloS One* 10, no. 4 (2015): e0125194.
9. Jan S. Slater, "Collecting Brand Loyalty: A Comparative Analysis of How Coca-Cola and Hallmark Use Collecting Behavior to Enhance Brand Loyalty," *ACR North American Advances* (2001).
10. Aaron C. Ahuvia, "I Love It!: Towards a Unifying Theory of Love across Diverse Love Objects (Abridged)" (Research Support, School of Business Administration, Working Paper No. 718, 1993).
11. Terence A. Shimp and Thomas J. Madden, "Consumer-Object Relations: A Conceptual Framework Based Analogously on Sternberg's Triangular Theory of Love," *ACR North American Advances* (1988).
12. Marsha L. Richins, "Measuring Emotions in the Consumption Experience," *Journal of Consumer Research* 24, no. 2 (1997): 127–146.
13. Joseph P. Simmons and Uri Simonsohn, "Power Posing: P-Curving the Evidence," *Psychological Science* (2017).
14. Bikhchandani Sushil and Sharma Sunil, "Herd Behavior in Financial Markets," *IMF Staff Papers* 48 (2001): 279–310.
15. Wayne D. Hoyer and D. J. MacInnis, *Consumer Behavior*, 3rd ed. (Boston: Houghton Mifflin, 2004).
16. 其实，目前尚没有可靠的研究，但确实有一些关于这一主题的研究，所以我才认为有必要在此提及。2013年，黄荀［Xun（Irene）Huang］和同事们发表了一份关于社会性温度调节和从众的报告。这份报告中的一项研究让我很感兴趣，它是关于赛马赌注与温度的。作者们提道，温度升高时，人们对钟爱之马的投注频次会变高。我很想将这份研究纳入本书，作为温度提升从众的证据，毕竟我认为这明显体现了社会性温度调节的影响。然而，写作时，同事昆汀·安德烈（Quentin André）发了一条推特消息给我，指出了这份研究中的一些统计错误。更确切地说，他发现论文中存在 GRIM（granularity-related inconstancy of means）错误。GRIM 测试由尼克·布朗（Nick Brown）和詹姆斯·希瑟（James Heathers）开发，非常实用，而且非常简单，甚至可以用于自行检查科学论文的准确性。在这种测试中，研究人员通常会说明参加测试的人数（样本量）以及测试条件下的均值。最妙的部分是：对于每个样本量，只有一个特定的统计均值。假设参加者有 28 人，每个人都用 1 分至 7 分回答了量表中的所有问题。在你的测试中，报告的均值是 5.19。然而，这绝不可能是正确的。所有回答都是 1 到 7 分，所以分数肯定介于 28 与 196 之间，而与 5.19 这个均值最接近的分数为 145 或 146。145 除以 28 等于 5.17857，146 除以 28 等于 5.21429。所以无论如何，平均得分都不可能是 5.19。

昆汀计算了黄荀那份研究中的分数，发现了几处 GRIM 错误。我们目前并不知道错误出现的原因，可能仅仅是四舍五入的问题。然而，我们也计算了最后一份研究结果为真的可能性。那是我最喜欢的研究，它的数据取自现实生活中赛马投注，采用的方法是与其他研究的"效应量"分布进行基础对比。效应量表示的是某种效果的强度。在这份实验中，效应量即"如果温度变化 1℃，从众行为的改变程度如何？"之后，我们将所得结果与极为不同的研究结果（比如男性和女性身高差）进行对比。接着，通过研究本学科其他研究的效应量分布，我们可以评估该研究的可信性。在赛马投注的研究中，我们发现报告中的结果只有十亿分之一的可能为真。资料来源：Xun Irene Huang et al., "Warmth and Conformity: The Effects of Ambient Temperature on Product Preferences and Financial Decisions," *Journal of Consumer Psychology* 24, no. 2 (2014): 241–250。

17. Pascal Bruno, Valentyna Melnyk, and Franziska Volckner, "Temperature and Emotions: Effects of Physical Temperature on Responses to Emotional Advertising," *International Journal of Research in Marketing* 34, no. 1 (2017): 302–320.

18. Antonio Damasio and Hanna Damasio, "Minding the Body," *Daedalus* 135, no. 3 (2006): 15–22.

19. Jeff D. Rotman, Seung Hwan Mark Lee, and Andrew W. Perkins, "The Warmth of Our Regrets: Managing Regret through Physiological Regulation and Consumption," *Journal of Consumer Psychology* 27, no. 2 (2017): 160–170.

20. Yonat Zwebner, Leonard Lee, and Jacob Goldenberg, "The Temperature Premium: Warm Temperatures Increase Product Valuation," *Journal of Consumer Psychology* 24, no. 2 (2014): 251–259.
21. Peter Kolb, Christine Gockel, and Lioba Werth, "The Effects of Temperature on Service Employees' Customer Orientation: An Experimental Approach," *Ergonomics* 55, no. 6 (2012): 621–635.

第 8 章 从抑郁症到癌症

1. Kay-U. Hanusch et al., "Whole-Body Hyperthermia for the Treatment of Major Depression: Associations with Thermoregulatory Cooling," *American Journal of Psychiatry* 170, no. 7 (2013): 802–804.
2. Philippa Howden-Chapman et al., "Tackling Cold Housing and Fuel Poverty in New Zealand: A Review of Policies, Research, and Health Impacts," *Energy Policy* 49 (2012): 134–142.
3. Harvey B. Simon, "Hyperthermia," *New England Journal of Medicine* 329, no. 7 (1993): 483–487.
4. Daniel F. Danzl and Robert S. Pozos, "Accidental Hypothermia," *New England Journal of Medicine* 331, no. 26 (1994): 1756–1760.
5. Danzl and Pozos, "Accidental Hypothermia."
6. L. G. Pugh, "Accidental Hypothermia in Walkers, Climbers, and Campers: Report to the Medical Commission on Accident Prevention," *British Medical Journal* 1, no. 5480 (1966): 123.
7. Danzl and Pozos, "Accidental Hypothermia."
8. Hans IJzerman et al., "The Human Penguin Project: Climate, Social Integration, and Core Body Temperature," *Collabra: Psychology* 4, no. 1 (2018).
9. Takakazu Oka, Kae Oka, and Tetsuro Hori, "Mechanisms and Mediators of Psychological Stress-Induced Rise in Core Temperature," *Psychosomatic Medicine* 63, no. 3 (2001): 476–486.
10. 亚伦·贝克（Aaron Beck）于 2012 年 12 月 11 日发给汉斯·伊泽曼的电子邮件："我对您在《纽约时报》上发表的有关社会排斥导致体温降低的文章非常感兴趣。这与我在抑郁症方面的一些观念非常吻合。"另有 2012 年 12 月 17 日的邮件："我对社交排斥引起的降温效果很有兴趣，因为我在整体上对抑郁症感兴趣。我注意到，被排除的对象会觉得比较凉，体温也的确下降了。我不确定社会排斥是否会引发更普遍的认知偏见，也不知道这种偏见是否表现为普遍的不可接受、不讨人喜欢、不受欢迎等感觉。"

11. A. Wakeling and G. F. M. Russell, "Disturbances in the Regulation of Body Temperature in Anorexia Nervosa," *Psychological Medicine* 1, no. 1 (1970): 30–39.

12. A. W. Hetherington and S. W. Ranson, "Hypothalamic Lesions and Adiposity in the Rat," *Anatomical Record* 78, no. 2 (1940): 149–172.

13. Bal K. Anand and John R. Brobeck, "Hypothalamic Control of Food Intake in Rats and Cats," *Yale Journal of Biology and Medicine* 24, no. 2 (1951): 123.

14. Bengt Andersson and Borje Larsson, "Influence of Local Temperature Changes in the Preoptic Area and Rostral Hypothalamus on the Regulation of Food and Water Intake," *Acta Physiologica Scandinavica* 52, no. 1 (1961): 75–89.

15. C. L. Hamilton and John R. Brobeck, "Food Intake and Temperature Regulation in Rats with Rostral Hypothalamic Lesions," *American Journal of Physiology—Legacy Content* 207, no. 2 (1964): 291–297.

16. C. J. De Vile et al., "Obesity in Childhood Craniopharyngioma: Relation to Post-operative Hypothalamic Damage Shown by Magnetic Resonance Imaging," *Journal of Clinical Endocrinology and Metabolism* 81, no. 7 (1996): 2734–2737.

17. Andrew Wit and S. C. Wang, "Temperature-Sensitive Neurons in Preoptic-Anterior Hypothalamic Region: Actions of Pyrogen and Acetylsalicylate," *American Journal of Physiology—Legacy Content* 215, no. 5 (1968): 1160–1169.

18. Charles L. Raison et al., "Somatic Influences on Subjective Well-Being and Affective Disorders: The Convergence of Thermosensory and Central Serotonergic Systems," *Frontiers in Psychology* 5 (2015): 1580.

19. Nicholas G. Ward, Hans O. Doerr, and Michael C. Storrie, "Skin Conductance: A Potentially Sensitive Test for Depression," *Psychiatry Research* 10, no. 4 (1983): 295–302.

20. Irina A. Strigo, Alan N. Simmons, and Scott C. Matthews, "Increased Affective Bias Revealed Using Experimental Graded Heat Stimuli in Young Depressed Adults: Evidence of 'Emotional Allodynia,'" *Psychosomatic Medicine* 70, no. 3 (2008): 338.
21. Alexander Ushinsky et al., "Further Evidence of Emotional Allodynia in Unmedicated Young Adults with Major Depressive Disorder," *PloS One* 8, no. 11 (2013): e80507.
22. L.-H. Thorell, "Valid Electrodermal Hyporeactivity for Depressive Suicidal Propensity Offers Links to Cognitive Theory," *Acta Psychiatrica Scandinavica* 119, no. 5 (2009): 338–349.
23. Matthew W. Hale et al., "Evidence for In Vivo Thermosensitivity of Serotonergic Neurons in the Rat Dorsal Raphe Nucleus and Raphe Pallidus Nucleus Implicated in Thermoregulatory Cooling," *Experimental Neurology* 227, no. 2 (2011): 264–278.
24. These records are summarized in "Wim Hof," Wikipedia, https://en.wikipedia.org/wiki/Wim_Hof.
25. Hof cites the intended benefits on his site: https://www.wimhofmethod.com/benefits.
26. Otto Muzik, Kaice T. Reilly, and Vaibhav A. Diwadkar, "'Brain over Body': A Study on the Willful Regulation of Autonomic Function during Cold Exposure," *NeuroImage* 172 (2018): 632–641.
27. Wouter van Marken Lichtenbelt, "Who Is the Iceman?," *Temperature* 4, no. 3 (2017): 202.
28. Mark J. W. Hanssen et al., "Short-Term Cold Acclimation Improves Insulin Sensitivity in Patients with Type 2 Diabetes Mellitus," *Nature Medicine* 21, no. 8 (2015): 863.
29. Hale et al., "Evidence for In Vivo Thermosensitivity," 264–278.
30. Brant P. Hasler et al., "Phase Relationships between Core Body Temperature, Melatonin, and Sleep Are Associated with Depression Severity: Further Evidence for Circadian Misalignment in Nonseasonal Depression," *Psychiatry Research* 178, no. 1 (2010): 205–207.
31. Gregory M. Brown, "Light, Melatonin and the Sleep-Wake Cycle," *Journal of Psychiatry and Neuroscience* 19, no. 5 (1994): 345.
32. National Cancer Institute, "Hyperthermia in Cancer Treatment," https://bit.

ly/35vZ78H.
33. A. Merla and G. L. Romani, "Functional Infrared Imaging in Medicine: A Quantitative Diagnostic Approach," *2006 International Conference of the IEEE Engineering in Medicine and Biology Society* (IEEE, 2006).
34. Thorsten M. Buzug et al., "Functional Infrared Imaging for Skin-Cancer Screening," *2006 International Conference of the IEEE Engineering in Medicine and Biology Society* (IEEE, 2006).
35. Maria Tsoli et al., "Activation of Thermogenesis in Brown Adipose Tissue and Dysregulated Lipid Metabolism Associated with Cancer Cachexia in Mice," *Cancer Research* 72, no. 17 (2012): 4372–4382.
36. Rajan Singh et al., "Increased Expression of Beige/Brown Adipose Markers from Host and Breast Cancer Cells Influence Xenograft Formation in Mice," *Molecular Cancer Research* 14, no. 1 (2016): 78–92.
37. Takaaki Fujii et al., "Implication of Atypical Supraclavicular F18-Fluorodeoxyglucose Uptake in Patients with Breast Cancer: Association between Brown Adipose Tissue and Breast Cancer," *Oncology Letters* 14, no. 6 (2017): 7025–7030; Miriam A. Bredella et al., "Positive Effects of Brown Adipose Tissue on Femoral Bone Structure," *Bone* 58 (2014): 55–58.
38. Cacioppo has written a lot about loneliness, but one particularly interesting talk was his TED Talk in Des Moines: https://www.youtube.com/watch?v=_0hxl03JoA0.
39. Julianne Holt-Lunstad, Timothy B. Smith, and J. Bradley Layton, "Social Relationships and Mortality Risk: A Meta-Analytic Review," *PLoS Medicine* 7, no. 7 (2010): e1000316.
40. Julianne Holt-Lunstad et al., "Loneliness and Social Isolation as Risk Factors for Mortality: A Meta-Analytic Review," *Perspectives on Psychological Science* 10, no. 2 (2015): 227–237.
41. Steven D. Targum and Norman Rosenthal, "Seasonal Affective Disorder," *Psychiatry (Edgmont)* 5, no. 5 (2008): 31.
42. Marcus J. H. Huibers et al., "Does the Weather Make Us Sad? Meteorological Determinants of Mood and Depression in the General Population," *Psychiatry Research* 180, no. 2–3 (2010): 143–146.
43. WHO International Programme on Chemical Safety, "Biomarkers in Risk Assessment: Validity and Validation," *Environmental Health Criteria* 222

(2001), http://www.inchem.org/documents/ehc/ehc/ehc222.htm.
44. Sami Timimi, "No More Psychiatric Labels: Why Formal Psychiatric Diagnostic Systems Should Be Abolished," *International Journal of Clinical and Health Psychology* 14, no. 3 (2014): 208–215.
45. Eiko I. Fried, "The 52 Symptoms of Major Depression: Lack of Content Overlap among Seven Common Depression Scales," *Journal of Affective Disorders* 208 (2017): 191–197.

第9章 幸福的哥斯达黎加人

1. Christopher Columbus, "Third Voyage," in J. M. Cohen, trans., *Christopher Columbus: The Four Voyages* (London: Penguin, 1969), 221, 219.
2. Samuli Helama, Jari Holopainen, and Timo Partonen, "Temperature-Associated Suicide Mortality: Contrasting Roles of Climatic Warming and the Suicide Prevention Program in Finland," *Environmental Health and Preventive Medicine* 18, no. 5 (2013): 349; Reija Ruuhela et al., "Climate Impact on Suicide Rates in Finland from 1971 to 2003," *International Journal of Biometeorology* 53, no. 2 (2009): 167.
3. Christian Bjornskov, Axel Dreher, and Justina A. V. Fischer, "Cross-Country Determinants of Life Satisfaction: Exploring Different Determinants across Groups in Society," *Social Choice and Welfare* 30, no. 1 (2008): 119–173.
4. The history of the World Values Survey can be read on the World Values Survey Association web page: http://www.worldvaluessurvey.org/WVSContents.jsp?CMSID=History.
5. National Institute of Mental Health, "Seasonal Affective Disorder," last revised March 2016, https://www.nimh.nih.gov/health/topics/seasonal-affective-disorder/index.shtml.
6. Michelle L. Taylor et al., "Temperature Can Shape a Cline in Polyandry, but Only Genetic Variation Can Sustain It over Time," *Behavioral Ecology* 27, no. 2 (2016): 462–469, https://www.ncbi.nlm.nih.gov/pmc/articles/PMC4797379/.
7. Peter Paul A. Mersch et al., "Seasonal Affective Disorder and Latitude: A Review of the Literature," *Journal of Affective Disorders* 53, no. 1 (1999): 35–48.

8. Leora N. Rosen et al., "Prevalence of Seasonal Affective Disorder at Four Latitudes," *Psychiatry Research* 31, no. 2 (1990): 131–144.
9. J. Henrich, S. J. Heine, and A. Norenzayan, "The Weirdest People in the World?," *Behavioral and Brain Sciences* 33, no. 2–3 (2010): 61–83.
10. Rachid Laajaj et al., "Challenges to Capture the Big Five Personality Traits in Non-WEIRD Populations," *Science Advances* 5, no. 7 (2019): eaaw5226.
11. Emorie D. Beck, David M. Condon, and Joshua J. Jackson, "Interindividual Age Differences in Personality Structure," PsyArxiv (July 19, 2019), https://psyarxiv.com/857ev/.
12. J. K. Flake and E. I. Fried, "Measurement Schmeasurement: Questionable Measurement Practices and How to Avoid Them," PsyArXiv (January 17, 2019), doi:10.31234/osf.io/hs7wm.
13. Eiko I. Fried, "The 52 Symptoms of Major Depression: Lack of Content Overlap among Seven Common Depression Scales," *Journal of Affective Disorders* 208 (2017): 191–197.
14. Eiko I. Fried and Randolph M. Nesse, "Depression Sum-Scores Don't Add Up: Why Analyzing Specific Depression Symptoms Is Essential," *BMC Medicine* 13, no. 1 (2015): 72.
15. Paul A. M. Van Lange, Maria I. Rinderu, and Brad J. Bushman, "Aggression and Violence around the World: A Model of CLimate, Aggression, and Self-Control in Humans (CLASH)," *Behavioral and Brain Sciences* 40 (2017).
16. Craig A. Anderson, "Temperature and Aggression: Ubiquitous Effects of Heat on Occurrence of Human Violence," *Psychological Bulletin* 106, no. 1 (1989): 74.
17. Hans IJzerman et al., "Does Distance from the Equator Predict Self-Control? Lessons from the Human Penguin Project," *Behavioral and Brain Sciences* 40 (2017): e86.
18. Jared Diamond, *Guns, Germs, and Steel: The Fates of Human Societies* (New York: W. W. Norton, 1997).

《我们为什么要睡觉?》

为什么要睡觉,睡不好有什么坏处,怎么睡个好觉,一切答案尽在其中。

比尔·盖茨精选推荐!
2020年卡尔·萨根科普奖得主马修·沃克成名作品
《纽约时报》畅销书排行榜NO.1
全景呈现熟悉又陌生的睡梦领域,让你轻松获得一夜好眠!

著　者：[英]马修·沃克（Matthew Walker）
译　者：田盈春
书　号：978-7-5596-4860-0
出版时间：2021.3
定价：60.00元

内容简介

你认为自己最近睡眠充足吗？你还记得上一次自然醒后神清气爽的感觉吗？不用怀疑,我们正在进入一个失眠已经成为流行病的时代。

作为一名杰出的神经科学家,沃克对生物的睡眠行为充满好奇,这促使他成了睡眠研究方面的专家。本书中,他总结了人类有史以来的睡眠研究成果,以及前沿的科学突破,告诉我们睡眠的运行机制、睡眠不足的坏处、睡眠与做梦的有益功能,以及睡眠对专业人士个人能力提升的惊人影响。我们的身体健康、心理健康、情商智商、记忆力、运动力、学习力、生产力、创造力、吸引力,甚至食欲,这些让日间生活丰富多彩的能力,原来都与夜间那场睡眠有着密不可分的关系。

现在,你知道我们为什么需要充足的睡眠了吧。打开这本书,看平凡的睡眠如何带来非凡的生命能量,顶尖科学对于睡眠的所有了解及如何睡好觉的诀窍都将在这部关于睡眠的"百科全书"中逐一揭晓。

著　者：［爱尔兰］沙恩·奥马拉（Shane O'Mara）
译　者：陈晓宇
书　号：978-7-5057-5253-5
出版时间：2021.9
定　价：38.00元

《我们为什么要行走》

用神经科学解析行走让你意想不到的好处

亚马逊年度之选，《纽约时报》《卫报》《泰晤士报》《新科学家》书评称赞

大加速时代反内卷行动指南

内容简介

宅、外卖、电动车、人工智能的时代，我们为什么还要行走？让热爱走路的神经科学家奥马拉带你寻找答案。

行走起源于数亿年前的海洋，生物是为了运动才演化出大脑的。大脑和神经系统赋予人类直立行走的能力，而认知地图让我们找到行走的方向。

行走不仅对我们的肌肉和体态有益，还能保护器官和修复损伤，延缓甚至逆转大脑的衰老。在行走中，我们的感觉变得敏锐，思维充满创造力，焦虑和抑郁得到缓解。

众人一起行走会促进交流、凝聚社会，是整个人类群体生存的关键。一座适于行走的城市，有利于社会交往、经济发展和居民健康。为行走设计和规划城市，会让未来的城市更美好。

奥马拉认为，现代人的生活久坐少动，这严重损害了人的身心健康。我们需要重新开始行走，徒步、爬山、逛公园，走路上学、上班、购物。他提醒我们从座椅上站起来，去发现一个更快乐、更健康、更有创造力的自己。

《我们为什么爱饮料》

关于一切饮料和饮料的一切

气泡水、酸奶、咖啡、珍珠奶茶、冰沙、果汁、碳酸饮料……从口感到健康，剑桥大学专家带我们一探人气饮品背后的奥秘、奇闻与陷阱

著　者：[英]亚历克西斯·威利特（Alexis Willett）
译　者：陈昶妙
书　号：978-7-5596-5786-2
出版时间：2022.1
定　价：60.00元

内容简介

"0糖0卡0脂"、快乐水、小甜水……
它们之中不仅凝聚了口感和健康的科学，背后更有营销的推波助澜。
本书以最受人们欢迎的几大类饮料为框架，系统介绍了它们令人心驰神往的秘密，一口气解决饮料的"能好怎"问题。除了气泡水、冰茶、珍珠奶茶、奶昔、冰沙等时下比较畅销的产品，作者还讲解了仙人掌汁、桦树汁、枫木汁、竹子汁、冰镇柿子酒等冷门饮品俘获人心的诀窍。它带领我们从极其基础的知识入手，利用科学的数据和前沿研究成果提升对各式饮品的认识，破除"健康饮品"的洗脑包，让我们更理性地看待各种饮料。它戳穿了各种"健康饮品"通用的"忽悠公式"，替消费者拔草省钱，还分析了饮料公司对舆论的操控以及对国际政策的干预。此外，本书曾入围2019年度安德烈-西蒙食品与饮品图书大奖，是一本全面、有益又有用的科普读物。

图书在版编目（CIP）数据

温度心理学/（法）汉斯·罗查·伊泽曼著；韩阳译.--北京：北京联合出版公司,2023.4
ISBN 978-7-5596-6678-9

Ⅰ.①温… Ⅱ.①汉…②韩… Ⅲ.①心理学—通俗读物 Ⅳ.① B84-49

中国国家版本馆 CIP 数据核字 (2023) 第 031464 号

Heartwarming: how our inner thermostat made us human
Copyright © 2021 by Hans IJzerman
This edition arranged with Kaplan/DeFiore Rights
through Andrew Nurnberg Associates International Limited
Simplified Chinese translation copyright © 2023 by Ginkgo (Beijing) Book Co., Ltd.

本中文简体版版权归属于银杏树下（北京）图书有限责任公司。
北京市版权局著作权合同登记 图字：01-2022-5504

温度心理学

著　者：［法］汉斯·罗查·伊泽曼
译　者：韩　阳
出 品 人：赵红仕
选题策划：后浪出版公司
出版统筹：吴兴元
编辑统筹：王　頔
特约编辑：曹　可
责任编辑：夏应鹏
营销推广：ONEBOOK
装帧制造：墨白空间·陈威伸

北京联合出版公司出版
（北京市西城区德外大街 83 号楼 9 层　100088）
嘉业印刷（天津）有限公司印刷　新华书店经销
字数 226 千字　889 毫米 ×1194 毫米　1/32　10 印张
2023 年 4 月第 1 版　2023 年 4 月第 1 次印刷
ISBN 978-7-5596-6678-9
定价：49.80 元

后浪出版咨询(北京)有限责任公司　版权所有，侵权必究
投诉信箱：copyright@hinabook.com　fawu@hinabook.com
未经许可，不得以任何方式复制或者抄袭本书部分或全部内容
本书若有印、装质量问题，请与本公司联系调换，电话 010-64072833